Jiemi Guangxue

科普中国
CHINA SCIENCE COMMUNICATION
科普中国创作出版扶持计划

解密光学

王 博　杨宇辰　李勤学　著

兔七斤　绘

西安电子科技大学出版社

图书在版编目(CIP)数据

解密光学 / 王博，杨宇辰，李勤学著. － 西安：西安电子科技大学
出版社，2023.11
ISBN 978-7-5606-6726-3

Ⅰ. ①解… Ⅱ. ①王… ②杨… ③李… Ⅲ. ①光学－青少年读物
Ⅳ. ①O43-49

中国版本图书馆CIP数据核字(2022)第 224175 号

策　　划　邵汉平　陈一琛
责任编辑　陈一琛　邵汉平
出版发行　西安电子科技大学出版社（西安市太白南路 2 号）
电　　话　（029)88202421　　　　邮　　编　710071
网　　址　www.xduph.com　　　电子邮箱　xdupfxb001@163.com
经　　销　新华书店
印刷单位　广东虎彩云印刷有限公司
版　　次　2023 年 11 月第 1 版　　2023 年 11 月第 1 次印刷
开　　本　787 毫米×960 毫米　　1/16　　印　　张　11.5
字　　数　120 千字
定　　价　45.00 元
ISBN　978-7-5606-6726-3/ O
XDUP　7028001-1
*****如有印装问题可调换*****

　　小时候我喜欢在家里用镜子反射阳光，兴致勃勃地观察光斑在墙壁和屋顶上移动。现在想来，这或许就是我和光最初的嬉戏。再后来，我会用放大镜会聚阳光，让最亮的那个点照在小纸片上，若阳光灿烂，纸片很快就会被点燃。就因为这样玩火，我被爸爸狠狠骂了一顿。这应该是我第一次和光一起犯错误。

　　随着年龄的增长和不断的学习，我对光有了更多的了解。我发现这个童年的"玩伴"竟然有着十分强大的能力，它不仅是人类生存的必要条件，还为我们的现代化生活、医疗、军事等做出了巨大的贡献。因此，我选择投身于光学研究工作。经过不懈的努力，如今的我终于能在光学的世界里纵横驰骋、寻奇探胜，同时体验到一份非同一般的快乐。

　　我很渴望将这份感受分享出来，也希望吸引更多的人来认识光学、爱上光学。因此，我把光学知识科普视为己任，走进校园，给孩子们讲光学。在这一过程中，我留意到已有的光学科普图书要么对光学的介绍不够全面与详尽，要么讲述的方式比较抽象，这让很多本来能和光"玩"在一起的人因为它的"高冷"而退却了。经过慎重考量，我决定以自己的方式来为孩子们揭开光学的神秘面纱，让他们得以触碰到它那颗饶有趣味的"心"。

历时两年，我编写出这本《解密光学》，从光源、光的原理、光的应用三个方面，介绍了常见光源与一些可以发光的动物、植物、矿物等，让大家先对光有初步认识，然后进一步探讨了光学的一些基本原理，如光的直线传播、折射、反射，最后讲述了人们在掌握光学原理后是如何将光学运用到各行各业的。

人们通常认为，科学理论是深奥而枯燥的。为了打破这个刻板的印象，我在撰写时尽量从生活入手，围绕孩子们耳熟能详的、有趣的话题展开叙述。在表现形式上，除力求语言风趣幽默之外，我还运用了大量生动的漫画形象，让掌握许多光学知识的光仔和好学、爱提问的阿巨作为引领孩子们进入光学世界的使者。

万物本沉寂，是光的存在照亮了世界，赋予了地球勃勃的生机。也正是因为光的神秘，诱使一代又一代的人废寝忘食地去研究，去探索。"景，二光夹一光，一光者景也。"早在两千多年前，先贤墨子就开始探索光的奥秘，可直到如今，光的世界仍然有许多未知等待我们去探索。所以我期冀这本书能在孩子们的心中种下一颗探索光的种子。在我们大家的精心浇灌与呵护下，种子终将长成参天大树，尽情沐浴在科学的光芒之下。

目 录

第一章　天体光源

发光发热亿万年——太阳/2

夜空里最亮的非光源——月亮/8

天空中的光影盛宴——极光/11

劈云裂天破长空——闪电/13

第二章　发光的生物

飞舞的繁星——萤火虫/17

水下龙宫灯火明——会发光的鱼/19

海里的果冻会发光——水母/22

树干上的发光小伞——发光的真菌/25

未来的节能路灯——发光绿植/28

海上幽灵——夜光藻/30

第三章　发光的矿物

移动的"鬼火"——磷火/33

古代至宝——夜明珠/36

第四章　热与光

自己动手得光明——钻木取火/39

火与光——点火和燃烧/42

第五章　电与光

你是黑夜的神话——灯泡/46

制造荧光不用荧光素酶——荧光灯/49

这个灯里有黄金——发光二极管/52

第六章　光的直线传播

地球上最大的影子/55

喜欢吃太阳的天狗/58

寸量时光/61

测量宇宙/64

第七章　光的反射

光让我看到了万物/68

镜子里的世界/70

第八章　光的折射

摸鱼神技/73

无法到达的空中楼阁——海市蜃楼/76

天空的色彩魔法——彩虹/80

全世界都有主角光环——光谱/84

第九章　光的散射

天空为什么这么蓝——瑞利散射/88

红光破迷雾——米氏散射/90

第十章　衍射与干涉

抠图假？因为你不懂光——衍射/94

黑暗之中有光明——泊松亮斑/96

色即是空——相长干涉/99

腊牛肉七彩反光之谜——光栅衍射/101

遇事不决，量子力学——干涉/103

第十一章　光的偏振

动感光波——偏振/107

第十二章　透　镜

人体自带凸透镜/112

心灵之窗上的玻璃——眼镜/115

千里眼——望远镜/118

细致入微——显微镜/121

带上有色眼镜看世界/123

第十三章　留声留影

3D 电影/126

从静止到动态——胶片应用发展史/129

色彩的奇迹/132

电视进化论/135

太阳的味道——紫外线灯/148

洞穿脏腑之奇光——X 射线/150

光之刃——伽马刀/153

隔山打牛——激光/156

无限光尺——激光测距/159

第十四章　特殊的光

隔空御物——遥控器/141

夜视万里——夜视仪/143

发热就有光——热成像仪/146

第十五章　光通信

听，是光在说话——光电话/162

千里传信——光纤/164

光之密码/167

第十六章　光子共振

抓住细胞——光镊/170

第一章
天体光源

发光发热亿万年——太阳

这是一个从 138.2 亿年前开始的故事。

一场酝酿已久的宇宙大爆炸发生了，史称 Big Bang。

随着这次爆炸，一个重要的物质——氢，登场了。

一　爱的魔力转圈圈。

姓　名:氢
原子符号:H
原子结构:质子(正电荷)
　　　　　电子(负电荷)

那时候的宇宙中并没有生物，也没有什么娱乐活动，甚至连光都没有。许许多多的氢只能聚在一起凑热闹。

聚在一起的氢越来越多，甚至还拉来了许多其他小伙伴——氦、氧、碳和尘埃，等等。这样的"大集团"，我们称之为分子云。

一个分子云内的所有物质开始集体旋转，整个队伍远远看去像个圆盘，中间厚，四周薄。

氢非常喜欢扎堆，觉得大家聚在一起摩肩接踵是非常快乐的。于是，越来越多的氢聚集在分子云中心的位置。

位于中心的物质彼此紧贴，反复摩擦，队伍越来越大，温度越来越高。

终于在 45.7 亿年前的某一天，在分子云中，一场由氢到氦的变化发生了，这个变化即是核聚变。

太阳因此诞生了！

我今天也很精神呢，各位！

没有变成太阳的物质变成了太阳系的其他组成部分，其中就有地球。

太阳很大、很重，是一颗有着特殊结构的气体星球。按照由里往外的顺序，太阳是由核心、辐射层、对流层、光球层、色球层、日冕层构成的。光球层以内我们一般称为太阳内部，光球层以外称为太阳大气。

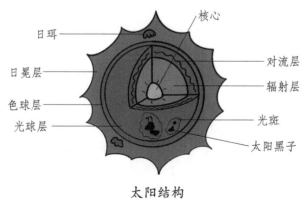

太阳结构

每秒有超过400万吨的物质在太阳的核心转化成能量并辐射到四周，这个能量的表现形式就是光和热，也称为太阳辐射能。太阳辐射能是地球光热能的主要来源。

人类的家园——地球，能够成为太阳系中有生命存在的星球，和其自身结构密切相关，而地球自身结构与太阳系中其他星球结构的差异，又决定了地球对光的"利用"方式也与众不同。

最初，地球上是没有生物的，它只是一颗自己转圈圈（称为自转），同时围着太阳转圈圈（称为公转）的球体，没事儿喷喷岩浆，地震一下，顺手也营造了十分炎热的原始海洋、陆地和最初的浑浊大气。这时候，地球还经常被路过的小行星、彗星撞几下。直到38亿年前，地球才不再遭受大规模的天外来物的撞击。

在地球形成后不久，月亮出现在地球周围，并且开始绕着地球公转。

因为地球和月亮的互相影响，地球的自转产生了倾斜角，自转周期变得规律（大约24小时）。

地球上的温度逐渐降低，变得舒适起来。陆地和海洋都变得更加稳定。超级大陆诞生了！

又过了几百万年，生命出现了！

一种叫蓝藻的大型单细胞原核生物出现在海洋里。

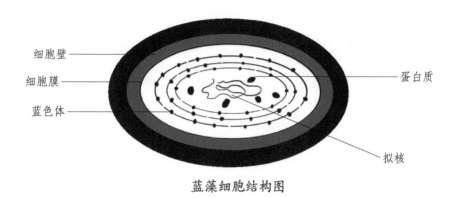

细胞壁

细胞膜

蓝色体

蛋白质

拟核

蓝藻细胞结构图

蓝藻能够从阳光中获取能量，同时将氧气释放到海水的浅水区。海水里蓝藻的数量很多，释放出大量的氧气并溶解在海水里。这些氧气并没有马上进入空气，因为那时的海洋中有大量的铁元素，能与氧气发生反应，生成氧化铁，从而消耗了大量氧气。

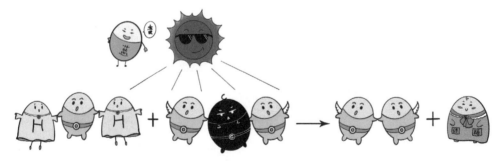

蓝藻通过吸收太阳的能量，将水和二氧化碳合成维持自身生命的糖类，同时释放氧气

当蓝藻产生的氧气越来越多，而海水中却没有更多的铁元素与氧气结合时，这些无处可去的氧气只能离开海洋，飞向大气层。越来越多的氧气离开海洋，使地球上出现了可供呼吸的空气，为以后生物的出现、存活提供了条件。这个为我们营造适合生存环境的过程，持续了长达15亿年。

科学家将这次蓝藻造氧大行动命名为大氧化事件。

进入大气的那些氧气，形成了臭氧层。臭氧层吸收了太阳光里对生物有害的部分，保护了地球上的生物。

在此之后，地球上的生物，在太阳光的照耀下蓬勃生长。

随着人类的出现和发展，关于太阳对生活、生产的影响，我们的先祖进行了深入研究，并得出了许多经验。

其中，24节气就精巧对应了太阳与地球的位置变化。

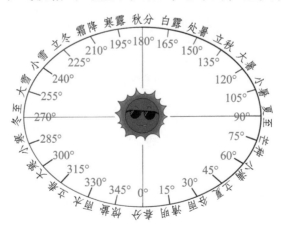

地球绕着太阳以椭圆形轨道公转，在不同的位置，对应不同的节气

光仔小提示》

春分、秋分时，昼夜长短相同，而夏至和冬至，则分别是一年中白天最长和夜晚最长的日子。

之所以有白天（日出）、夜晚（日落），是因为地球自转。地球上，面对太阳的部分是白天，背对太阳的部分是夜晚。

地球上之所以有四季变化，有热带、温带、寒带之分，是因为地球围绕太阳公转。这里要注意的是，由于地轴是倾斜的，南北半球离太阳的距离在同一时期并不相同，因此，南北半球存在温度差异。

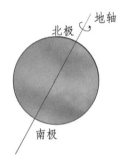

太阳作为地球最初的也是至今最大、最重要的光源，为地球生物的生存、繁衍提供了重要条件。

夜空里最亮的非光源——月亮

浪漫的夜晚少不了月亮，因为"月上柳梢头，人约黄昏后"。
思乡的夜晚少不了月亮，因为"举头望明月，低头思故乡"。
回家的夜晚少不了月亮，因为月亮照亮了回家的路。

阿巨　　　光仔

谢谢月亮姐姐。

　　月亮作为黑夜里最耀眼的天体，从古代开始就是各类浪漫故事和古诗文中的常客。虽然现在还没有确定月亮来自哪里，不过它就是来了，还一边自己转圈一边绕着地球转呢！

　　月亮本身不发光，所以它其实并不是光源，但是这并不妨碍月亮通过自身努力掌握反射技术照亮地球的夜空。

　　因为月亮自转周期和绕地球公转的周期是相同的，所以它面对着地球的永远都是同一面，也就是我们常说的月球正面。

小时候听外婆讲故事说,月亮上的阴影是嫦娥姐姐的广寒宫,里面住着捣药的玉兔。

月亮的表面上,肉眼可见的黑暗且相对平坦的部分被称为月海。虽然叫海,但月海里并没有水,而是早期火山爆发后岩浆在洼地凝结成的玄武岩。月亮上那些较亮的地方则被称为高地,高地高于大多数的月海。

由于月亮绕地球公转,一个月里的每一天,我们看到的月亮都会呈现不同的样子,亮度也有差异。弦月时的月亮看起来是一半,亮度大约只有满月亮度的十分之一。

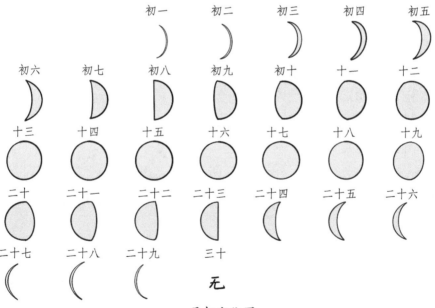

月相变化图

同月亮一样,靠着反射太阳光被人类发现的还有冥王星以及同属太阳系的除地球外的水星、金星、火星、木星、土星、天王星、海王星。

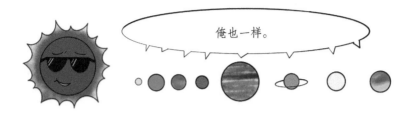

我们看到的漫天繁星，是由宇宙中的无数恒星、无数反射恒星光芒的行星与星云组成的。

在各种天体中，除了恒星和行星外，还有一种与众不同的拥有美丽长尾的小天体——彗星。

彗星是特指在太阳系内，由冰和尘埃构成的"脏雪球"。彗星本身不发光，太阳光照亮了它，我们才能看到它。因此，彗星的亮度和形状会根据距离太阳远近变化而变化。因为太阳风的压力，彗星长长的尾巴总是指向太阳的反方向。

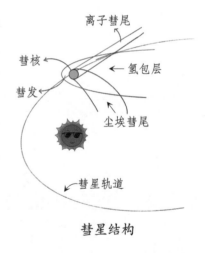

彗星结构

当然，夜空中有明亮尾巴的除了彗星还有流星。相比找太阳"借光"的彗星，流星就实在多了，实实在在地燃烧，为人类带来一场绚丽的表演。

流星虽然也叫星，但它并不是某种特定的天体，而是一种现象。尘埃、小行星等进入地球大气层，并和大气分子发生剧烈摩擦燃烧后发光的现象，称作流星。有少数能够通过大气层落在地球上的流星，称作陨石。

天空中的光影盛宴——极光

自从地球被大气层包裹上了，地球就一直在筹划着一些美丽的表演，于是联合太阳策划了一场盛大的光影表演——极光。

为此，太阳准备了高能粒子。高能粒子的主要成分是带电粒子（如质子）和少量电子，还有少量中性粒子。

这项表演对"场地"的要求非常严格。我们都知道，地球就像一块巨大的磁铁，两端磁极的吸引力是最大的。因此，高能粒子最容易被吸引到两端磁极上。于是，地球的南北极就是极光表演次数最多的地方。

太阳和地球的准备工作都已完毕，接下来就要看"大银幕"——大气层的最终展现效果了。

大气层中充满了氧和氮，经过高能粒子刺激的氧会发出绿色和红色的光，氮则发出紫、蓝和深红色的光。

三个要素齐备，极光表演正式开始。形状变化多端、五光十色的极光，美丽而令人震撼。

光仔小提示»

极光不仅仅会在地球出现。和地球一样拥有磁场和大气的天体，如土星、木星，也有极光出现。

劈云裂天破长空——闪电

    每当电闪雷鸣时，人们常常开玩笑说是不是哪位武侠小说中的主人公在渡劫。闪电划破长空，让人既震撼又害怕。

    闪电的形成离不开云。

    云有不同形态，可以分为卷云、卷层云、卷积云、高层云、高积云、层积云、层云、雨层云、积云、积雨云。

云的不同形态

这些云，都带着一些正电荷和负电荷，通常正电荷在云的上端，负电荷在云的下端。云越厚，电荷越多。积雨云是其中最厚的，拥有着大量的正负电荷。

由于积雨云下端负电荷的吸引，地面上产生了大量正电荷。这些正负电荷相互吸引，希望能够彼此相会。

云中的负电荷和地面的正电荷只有通过空气，才能相会。通常不想多管闲事的空气不愿配合，坚决地做不良传导体，让电荷没办法顺利相会。但地面上的正电荷努力冲向更高的地方，云中的负电荷则努力向下伸展，在某一时刻，正负电荷之间的吸引力会克服重重阻力。

终于，正负电荷冲破空气的阻碍相会了！

一道完美的闪电划破天空劈了下来，这一刻，它连通了天地！

光仔小提示》

由于雷雨天时云下端的负电荷对地面电荷的影响，地面上的正电荷会自然地寻找更高的地方试图与云下端的负电荷相会。因此，越高的地方，正负电荷越容易相会。

如果这个时候我们恰好站在山顶，或者在很高的地方，那么我们很有可能成为正负电荷相会的通道而被烧伤，甚至有可能失去生命。

因此，如果遇到雷雨天气，一定不要去很高的地方，更不要举着金属到处乱跑哦！

第二章
发光的生物

飞舞的繁星——萤火虫

在植被茂盛、湿度较高的地方，夜晚常能看到点点"繁星"在空中飞舞。这些"繁星"就是天生自带光环的神奇昆虫——萤火虫。

根据生活环境，萤火虫分为陆栖和水栖两种，对应的幼虫也分为水生和陆生。水生幼虫对水质要求很高，只能在非常洁净的水里生存。

萤火虫幼虫时期就能发出微弱的亮光。经过大约 6 次蜕变，萤火虫会由幼虫变成蛹，这时的萤火虫需要钻进土里，静静等待着"破茧成虫"的那一刻。当然，此时的萤火虫是不发光的。

经过漫长的等待，萤火虫成年了。我们从形态上就能轻松分辨它们的雌雄。雌虫翅膀较小，有些甚至完全退化，这些雌虫看起来和幼虫差不多，而雄虫则有完整的翅膀。另外，雄虫腹部有 2 节发光，而雌虫只有 1 节。

像人类使用信号灯一样，萤火虫通过发光不仅能进行沟通交流，也可以对其他动物起到警示作用。

萤火虫身体发光的部分，我们称之为"发光器"，它是由发光细胞、反射层细胞和神经等组成的。

如果说萤火虫是一辆摩托车，那发光细胞就是车灯灯泡，反射层细胞就是车灯罩。反射层细胞能有效地把发光细胞所发出的光集中反射出去，使发出的光看起来更亮。

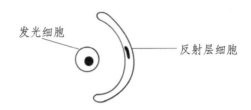

发光细胞　　　　　反射层细胞

支撑"灯泡"发光的，是藏在发光细胞中的两种神奇物质：荧光素和荧光素酶。荧光素是一种含磷的化学物质，荧光素酶则能催化荧光素，使荧光素氧化后发光。

在这整个过程中，释放出的能量的95%都转化成了光能，只有极少部分转化成了热能。这种亮度高、发热极低的光，被称为冷光。超高的发光效率，让萤火虫可以长时间发光，同时发热极低，确保了萤火虫不会因发光而灼伤自己。

光仔小提示»

人类目前为止还没有办法造出这样高效发光的光源呢。这么看来，萤火虫真的是太厉害了！

水下龙宫灯火明——会发光的鱼

深海鱼大多长相比较奇怪，据说是因为深海没有光，即使长得好看别的鱼也看不到，久而久之，大家就长得越发随意了。当然，这是句玩笑话。

但是也有一些不合群的家伙，在别的鱼沉浸于对自己外表的幻想中时，悄然为它们点亮了一盏灯……

其实，大海里的很多鱼都有发光的能力，尤其在深水区域，在这片黑暗水域生存的鱼类至少有 44% 都能够发光。一部分鱼像萤火虫一样，自身会发光，而另一部分鱼则利用其他能够发光的生物，达到发光的目的。

自身能够发光的鱼，比如角鲨，拥有可以发光的细胞，能发出蓝绿色的光，皮肤上的黑色素还可以作为发光细胞的开关，控制"灯"的亮、灭。角鲨皮肤上的发光细胞主要集中在腹部，这也有利于它们隐蔽自己、迷惑天敌。因为从下往上看时，如果鲨鱼游过，它们的身体会遮住海面上射下的光线，留下阴影，水下的天敌可以很轻易地发现它们，而角鲨腹部发光，该光能与海面上射下的光融为一体，使它们很难被天敌发现。

还有一些鱼并没有自身发光的能力，但它们找到了发光方法——反射光线或者利用发光细菌实现发光。

例如，自身无法发光的巨口鲨为了能够吃饱，利用嘴唇上方的一条特殊鳞片结构组成的白色条带反射光线，诱捕磷虾等猎物。那么问题来了，深海中的光线是哪里来的呢？答案是会发光的猎物发出的光，这也就是磷虾能够成为巨口鲨的主要食物的重要原因。

利用发光细菌的鱼类也有自己的发光之道，它们能够为发光细菌提供良好的栖息环境，确保发光细菌能够正常生存、发光。深海鮟鱇鱼就是其中的佼佼者，它头顶的小灯笼上寄生了大量发光细菌，彼此形成了一种长期共生的关系，小灯笼里的腺细胞为发光细菌提供生存养料，这些发光细菌点亮灯笼，看上去十分和谐。

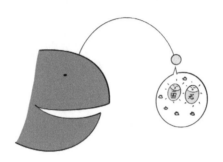

这些发光细菌的发光原理也是基于荧光素和荧光素酶，只是不同生物之间的这两种物质构成会有一些差异。

鱼儿们能够发光自然不是为了看清同伴，诱捕食物、躲避天敌才是它们发光的主要目的。

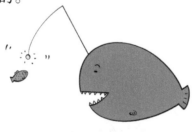

光仔小提示》

发光细菌虽然看起来跟鱼类相处得非常愉快，但其实它们对生存环境的要求非常苛刻，需要水质洁净，含磷量最好高一些，等等。因此，根据这些特性，发光细菌也被应用在了水污染监测上。通过发光细菌的生存状态，人们只要看亮度就可以分辨水域的洁净情况啦！

海里的果冻会发光——水母

早在六亿五千万年以前，地球上连恐龙都没有出现的时候，水里就出现了一个奇妙的物种——水母。

目前，全球水域里的水母超过 250 种，从深海到淡水都有分布。它们的身体是两层皮中间夹着一层胶质，98% 都由水构成，看起来通身透明，很像果冻。水母行动是靠喷水反射前进，看起来就像蘑菇形的果冻在水中移动。

许多水母都能发光，它们的发光原理非常独特，与萤火虫和发光鱼类的不同。水母发光是靠一种特殊的生物发光蛋白质，称为埃奎明或水母素。

水母素不耐高温，也不适应强酸性环境，单纯在紫外线的照射下无法发光。但是如果加入钙离子，水母素就可以催化一种叫腔肠素的物质，发生氧化反应，发出蓝色荧光。

1962 年，科学家在维多利亚多管发光水母中发现了一种绿色的荧光蛋白；1974 年，科学家终于将这种蛋白质成功分离。这就是神奇的绿色荧光蛋白。当绿色荧光蛋白受到紫外线或蓝光照射后，能够发出稳定的绿色荧光。

它的神奇之处在于，能够无需借助荧光素等其他物质，直接产生荧光。

绿色荧光蛋白因其特殊发光性，被科学家广泛应用于基因标记、环境微生物研究、寄生虫研究等方面，成为活细胞分子水平研究的有效工具。

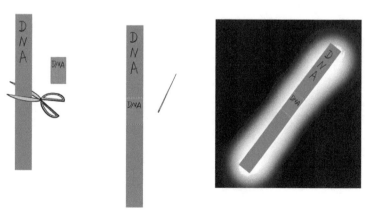

水母有许多冷知识,非常有趣哦!

(1)水母和萤火虫一样,可以通过发光来进行交流、躲避天敌等。发光不仅仅是为了好看,更是一种生存手段。

(2)大多数水母都有毒,甚至有一些会致命,所以看到美丽的水母千万不要随便触摸。如果被水母蜇伤,一定要马上就医。

(3)我们经常吃的海蜇就是一种水母,不过我们吃的不是它的身体,而是它的脚。

树干上的发光小伞——发光的真菌

小时候外婆讲的故事中总有森林里神秘的狐火，还有夜晚荧光闪烁的树干。其实这些并不是完全源于想象，它们可能真的存在。

在地上和树上安静发出荧荧光芒的，其实并不是植物本身，而是生长在地面或腐木上的真菌，或者是它的菌丝。

蘑菇是真菌里我们最为熟知的种类，已经发现有超过 70 种能够发光，它们分布在世界各地。明亮的光芒让它们成了黑夜里的主角。

蘑菇发光并不是为了好看，也不能像萤火虫或者发光鱼类一样靠发光来交流。一些科学家认为，蘑菇发光是为了吸引更多的昆虫接近它，从而利用昆虫把它的孢子带到更远的地方去，让小蘑菇能够生长在各处。

蘑菇发光并不容易,需要多个环节的紧密配合。

蘑菇中含有一种叫咖啡酸的物质,能经过某种酶催化转化为荧光素。

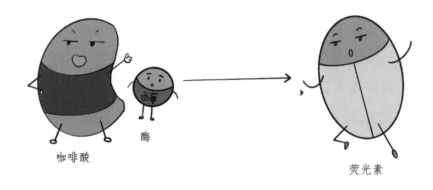

咖啡酸　　酶　　　　　　　　　　　　　荧光素

虽然蘑菇的荧光素和萤火虫、发光鱼类的不同,但作用原理基本相同。在有氧的情况下,荧光素会与荧光素酶相互作用,产生一种叫氧化荧光素的发光物质。这样,一个蘑菇就成功地发光了!

　　当我们以为发光的反应就此结束时，蘑菇却并没有停下来。氧化荧光素又会通过另一种酶，转化成咖啡酸，完成一个"咖啡酸循环"，为继续发光做好充分准备。

　　我国分布着许多发光的真菌，比如广州的白云山里，就可以找到会发光的真菌哦！

　　另外，真菌的发光基因对植物来说，可以达成一种神奇的组合。这种组合有什么效果？我们在下一节再聊一聊吧。

未来的节能路灯——发光绿植

随着科学技术的发展，人类可以利用获取的发光基因对植物基因进行"改写"，让原本不能发光的植物也可以发光。这个给植物增加新能力的方法，正是"转基因"技术的一种应用。

首先，科学家从能够发光的昆虫、真菌等生物的基因中截取可以让植物发光的基因片段。

其次，选定要改写的植物，把这些基因片段嵌入这些植物的基因中。

之后，植物就可以自己产生发光必需的物质，完成一整套的发光工作啦！

通过转基因方法让植物发光的原理说起来不复杂，但实际操作过程非常复杂，而且即便成功，植物是否发光、发光时间和亮度都不可控。不过，科学家们一直在积极研究探索，寻找能让植物长久稳定发光的技术。

畅想一下，如果一些植物发出的光明亮且稳定，那么是不是就不需要路灯了呢？或许，只要在某条路两边的绿化带里种上可以发光的植物，就能照亮这条路了！

海上幽灵——夜光藻

夜光藻属于甲藻门，是一种特别喜欢扎堆生活的单细胞生物。

作为极少数能够发光的藻类，它们本身具有极强的个性特点。

夜光藻有一条触手！这条触手可以完成游动和塞食物到口沟的动作。

夜光藻在全球范围分布广泛，常出现在沿海地区、河口等地带。根据聚集在一起所呈现的颜色，夜光藻分为两种：红色夜光藻和绿色夜光藻。

夜光藻平时并不发光，只在受到外界刺激时才发出光亮，这是它的一种应激反应。如果向聚集在一起的夜光藻丢一块石头，就可以看到发出蓝色荧光的水波荡漾开来，该水波被称为"蓝色的眼泪"。

夜光藻之所以能发光，是因为在它们的体内数以千计的球状细胞器中，有我们熟悉的荧光素和荧光素酶。

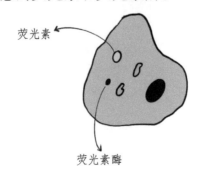

荧光素

荧光素酶

　　这些细胞器就像一个个小型的发电机，让夜光藻在感受到环境刺激时发出荧光。

　　夜光藻对生存环境的要求特殊，会在受到污染、水质富营养化的水域中生长得十分旺盛，因此它们成了水质的风向标。

光仔小提示»

　　大量夜光藻聚集在海洋中，会引发赤潮。赤潮特指海洋生态系统中的海藻异常增殖现象。赤潮不一定都是红色，也可能是绿色、黄色等。

　　赤潮对渔业的危害非常大。夜光藻会附着在鱼鳃上，导致鱼儿无法呼吸。

第三章
发光的矿物

移动的"鬼火"——磷火

　　神话小说里，夜晚的坟地经常会出现幽幽"鬼火"。这"鬼火"安静地在地面或半空中燃烧，如果有人从旁边经过，还会追着人走。

　　其实，"鬼火"并不只会出现在坟墓集中的地方，有大量动物死亡的地方或在其他特殊条件下，也可能出现"鬼火"。

　　动物死后，身体回归大地。动物的骨骼里，含有较多的磷酸钙或羟基磷灰石。当动物的身体在土壤中分解时，会发生化学反应，磷由磷酸钙状态转化成磷化氢。

　　磷化氢是气态的，可以穿过土壤中的缝隙，扩散到空气中。

33

磷化氢化学式为 PH_3

进入空气的磷化氢并不孤独,和它一起扩散的,还有一种叫联膦的化合物。联膦非常容易激动,一点就着!常温下,它遇到空气中的氧气就能自燃。

别看联膦的量很少,但它燃烧的温度能够引燃磷化氢。磷化氢燃烧时发出蓝色的光。"鬼火"就这么诞生了!

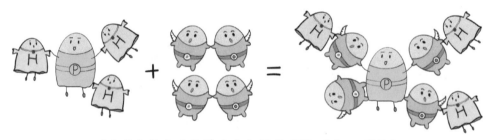

磷化氢与氧气的化学反应方程式:$PH_3 + 2O_2 \rightleftharpoons H_3PO_4$

夏天天气炎热,温度高,能够加快土壤内化学反应的速度,因此形成的磷化氢的量也更大。这就是为什么夏天更容易看到"鬼火"。

另外,"鬼火"不只晚上出现,白天也会偶尔出现。只是因为白天的光线比较强,而"鬼火"的火焰不明显,所以并不容易被注意到。

为什么有人说"鬼火"会追着人跑?没生命的东西怎么会动呢?

简单做一个思维逻辑递推:

"鬼火"在什么情况下会出现?

↓

温度适宜,空气相对静止的情况下,磷化氢和联磷会聚在一起,当达到能够燃烧的量后就会开始燃烧,出现"鬼火"。

↓

当有人经过时,会影响空气的相对静止状态,让空气流动变快、压强变小。

↓

"鬼火"很轻,当人经过改变了空气的相对静止状态时,悬浮在空气中的"鬼火"就会在大气压强的作用下开始移动。

↓

"鬼火"跟着人移动了。

这么一分析,是不是就清晰多了呢?

 光仔小提示》

(1)为什么夏天的雨后更容易看到"鬼火"?

磷化氢和联磷是有毒气体,并且难溶于水。雨后,土壤里的气体被挤出,进入空气的量也就多了,产生"鬼火"的概率也就高了许多。

(2)"鬼火"只有蓝色、绿色的吗?

磷化氢燃烧的颜色是蓝绿色,但是燃烧的气体中可能不只有磷化氢和联磷,还可能混入其他物质。如果带有铁离子,那么燃烧的气体就有可能是红色;带有其他离子,则是其他颜色。因此,"鬼火"的颜色可能有很多种。

古代至宝——夜明珠

古代小说里描述的珍宝——夜明珠，一颗就价值连城。那么，夜明珠到底是什么呢？

大多数夜明珠指的是珍珠或能够在夜晚发出光芒的宝珠。现在的珍珠多是人工养殖的，来自不同的贝类，而能发光的宝珠则是各种各样的矿石。古代获得这些矿石的机会少，物以稀为贵，这样的宝珠自然价值不菲。

古代的人们并不了解这些矿石的发光原理，而且也没有除火以外的照明手段，因此觉得能够在夜晚长时间发出明亮光芒的矿石异常珍贵。

夜明珠根据发光时间，分为一直发光的永久发光夜明珠以及需要外界条件配合才能够长时间发光的长余辉蓄光型夜明珠。

永久发光的夜明珠不需要借助任何外界力量，靠自身含有的特殊成分就能发光。这种特殊成分虽然能让夜明珠一直发光，但有对生物不友好的放射性。

发光但有放射性

长余辉蓄光型夜明珠内影响它发光的物质虽没有放射性，但必须靠外界的太阳光、紫外线等光源影响后才能发光。其中的一些无毒无辐射的原料，如我们熟悉的稀土，被添加进各种需要在黑暗中发光的物品与材料中。

我的空调遥控器按钮也能发光。

第四章
热与光

自己动手得光明——钻木取火

传说，远古先民看到鸟在啄木的过程中产生了火花，于是就产生了钻木取火的想法，并且成功了！

也有另一种说法。有人看到石头碰撞产生了火花，因此利用石头碰撞，点燃了干燥的引火绒，从而获得了火，然后，逐渐实践出了钻木取火的方法。

总之，智慧的先祖们在生活经验的积累中，成功掌握了钻木取火的方法。

为什么钻木就能取火呢？

木头表面很粗糙，在相互摩擦时会产生很大的摩擦力。快速转动的钻子克服摩擦力做功，把其机械能转化成了木头的内能，所以木头开始逐渐发热，直至接触面产生火星。这时利用火星点燃引火绒，就能成功生火了！

摩擦力做功 ——→ 机械能
发热 ←—— 内能
着火

钻木取火的方法主要有两种。

第一种，古典钻木取火法：双手前后搓木棒，使木棒与木板产生摩擦。

第二种，双人钻木取火法：一人用石头压住木棒顶端，固定住木棒位置；另一人左右拉动缠绕在木棒上的绳子，使木棒旋转，并与木板产生摩擦。

在成功获取火之后，先民们解决了饮食、取暖、照明等问题，终于可以穿越黑暗，探索未知，同时也可以利用夜晚的时间，开展更多活动。

自此，农耕、手工业、畜牧业等，开始大跨度进步。

关于携带火种，远古先民也有大发明，他们在有孔的陶罐里装上带有火星的木炭，从而把火种带在身边。这样不管走到哪里，光明和温暖都会守护着他们，帮助他们不断摸索前行。

火与光——点火和燃烧

在很长一段历史岁月里，火都是人类获得光明的主要手段。为了获得和留住火，聪慧的人类研究出了大量点火和维持火焰的办法。

火石和火镰

人类在钻木取火后，又学会了利用火石点火。这里说的火石指广泛分布在世界各地的燧石，由于它和铁器碰撞的时候容易产生火花，于是人们经常把它和火镰一起使用，利用碰撞产生的火花点燃干燥的火绒。

火镰

燧石

镁棒

当人类获得的材料越来越多时，更容易打出火花的镁棒出现在大众视野。镁的燃点是 38℃~40℃，比较低。当用刀子或者金属片快速刮擦镁棒时，镁粉被刮落，同时放出一定的热量，使飞出的镁粉瞬间燃烧，发出耀眼白光。这时，只要用干燥的火绒接住燃烧的镁粉，就可以点燃火绒啦。

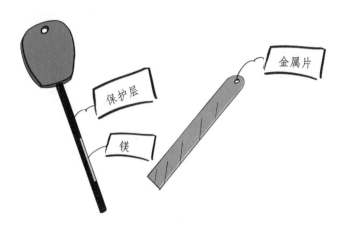

凸透镜

人们发现凸透镜可以聚光点火。当光线透过凸透镜时，慢慢移动透镜，会发现光线通过凸透镜聚到一点。这个点不仅亮，而且温度也比别处要高。这个点如果长时间停留在干燥的火绒上，会使此处的火绒温度不断升高，从而很快燃烧起来。

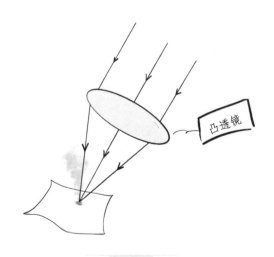

火柴

火柴的发明让人类用火更为方便。现代使用的安全火柴已经经过无数次改良。火柴头含有氯酸钾、二氧化锰、硫磺等物质，主要负责燃烧。火柴盒侧面则是由红磷和玻璃粉调和而成的粗糙面，主要负责让火柴头来摩擦而产生热量，使火柴头燃烧。

现在点火的工具越来越多，如打火机、燃气灶、火焰喷枪等，让热与光能随时来到我们身边。不过随着时代的发展，火不再是照明的首选方式，更多的光照亮了我们的生活，甚至照亮了茫茫夜空。

第五章
电与光

你是黑夜的神话——灯泡

电的应用开启了第二次工业革命，将人类从蒸汽时代带进了电力时代，电力随之成为现代生活最重要的能源之一。

电最初进入千家万户的用途就是点亮黑夜里的那盏灯。

灯泡的雏形是由 2000 节串联的电池和碳棒组成的电弧光灯，其中提供电能的显然是电池，而发光的则是碳棒。

电弧光灯的亮度不容易控制，会过于明亮，并且产生大量的热，因此碳棒并不能维持长时间发光，很快就会坏掉。

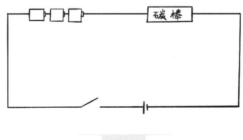

进阶版灯泡是利用放在真空玻璃瓶中的碳化的竹丝制作的，通电后可以持续发光 400 小时！此种灯泡相比电弧光灯虽然已经有了极大的进步，但因发光时间不够久等原因，还是没能走进千家万户。

两名电气技师发明了在玻璃泡中冲入惰性气体——氮气，以此延长玻璃泡中细小碳棒的发光时间。但是他们没钱继续推进这项发明，于是就把专利卖给了一个热爱折腾的土豪——爱迪生。

爱迪生尝试了数千种材料，发现用铂金做灯丝最合适，持续发光的时间更长，唯一缺点是铂金太贵了。在尝试了碳化棉线灯丝后，某天，爱迪生终于制造出了能够持续发光 1200 个小时的碳化竹丝灯。这项发明在点亮黑夜的同时，也为爱迪生创造了巨大的财富。

后来的钨丝灯泡则是碳化竹丝灯的进阶版，对灯丝材质的替换，提高了灯泡的亮度和寿命。钨丝灯泡对电压适应性很好，从几伏的电池电压到电线连接的 220 伏电压都能够轻松应对，即插即亮，使用方便，再加上价格低廉，因此成了点亮世界的先头军。

然而，因为灯泡的发光特性是由发热产生的，所以超过 90% 的能量都变成了热量，仅有不足 10% 用来发光。这样的发光模式，效率很低，能耗也比较大，并不令人满意。

制造荧光不用荧光素酶——荧光灯

荧光灯其实就是我们常说的日光灯，也叫"电棒"。荧光灯名称中的"荧"字让我们发现了荧光灯和荧光粉的必然关联性。

那么，荧光灯是如何发光的，又和荧光粉有什么关系呢？

荧光灯由灯管、镇流器、启辉器等部件构成。

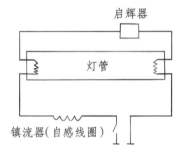

其中，镇流器起到阻碍电流变化的作用，它的主要组成器件是自感线圈。在打开电源的一瞬间，电压会很大且不稳定，镇流器可以有效地阻碍电流的变化，使灯管发热相对稳定，以便有效保护灯管，延长灯管的使用寿命。

启辉器则是装有惰性气体和两个金属片的玻璃球。在通电后，电流首先不是进入灯管，而是进入启辉器。电流击穿启辉器中的惰性气体，使得启辉器发光，同时启辉器中的气体也开始发热，使得玻璃中的两个金属片开始膨胀，并且最终接触在一起。当这一过程完成后，电流可以通过两个金属片直接连通，不需要再通过气体了。于是，气体不再发热，金属片冷却，最终收缩、分开。这时，电流不再通过启辉器，启辉器结束了"开灯"的工作。

镇流器再次出场，产生远大于220伏的电压。极高的电压击穿了灯管中的汞蒸气，这时汞原子被激发至激发态，离开舒适位置，但这种状态下汞原子不稳定，会很快恢复到基态，并释放出紫外线。

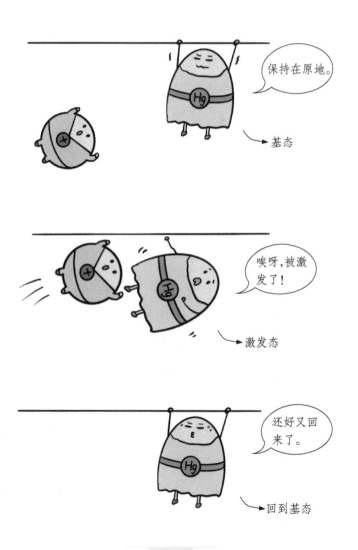

紫外线撞击在灯管内壁的荧光粉上,荧光粉吸收紫外线,发出可见光。

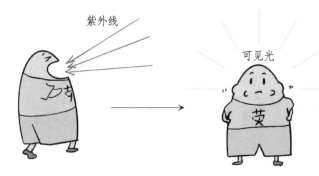

相较于灯泡,荧光灯发光效率更高,使用寿命更长。但荧光灯也有缺点,因为使用了汞蒸气,所以会产生汞污染。因此,废弃的荧光灯一定不要打破,记得丢进有害垃圾桶哦!

光仔小提示»

最早申请荧光灯专利的是爱迪生,但因为他激发荧光粉使用的是X射线,一般人承受不了,所以当时荧光灯并没有投入实际应用。

这个灯里有黄金——发光二极管

前面说过，爱迪生因铂金太贵而不愿用它充当灯丝材料，那么换用黄金如何呢？如果家里的照明灯具的重要组成部分含有纯度达99.99%的黄金，这算不算奢侈？

其实，现在大多数人家里用的都是这种内含金线的灯，它正是发光二极管，也就是我们常说的 LED。

LED 和荧光灯一样有正负极，有灯罩。

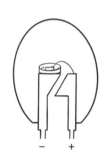

在刷有荧光粉的灯罩里，一场完美的电致发光正在进行。

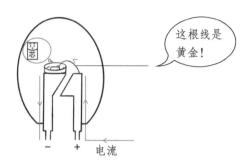

事实上，LED 内金线的直径仅有 1 密尔或 1.2 密尔（1 密尔=0.0254 毫米），比头发丝还要细很多，所以一个 LED 的灯珠里，也并没有用多少黄金。

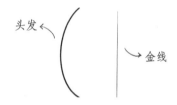

LED 内的重要发光装置——半导体芯片，则是最关键的部分。这块半导体芯片能够按照设定发出不同颜色的光，甚至可以设置闪烁变色。

相比灯泡、荧光灯，LED 的使用更加广泛，除了可以作为照明设备，还可以用于显示屏、投影仪等。同时，由于具有低能耗、低发热、高亮度、更长久的使用寿命等优势，LED 在照明领域已逐渐取代了灯泡和荧光灯。

光仔小提示»

LED 除更节能更环保以外，还不含汞等有害物质，对于使用者的身体健康及环境来说，都是更优的选择哦！

第六章
光的直线传播

地球上最大的影子

　　有光就有影,月光明亮的夜晚走在路上会看到陪伴着我们的影子。唐代大诗人李白曾经说过:"举杯邀明月,对影成三人。"

　　这"三人",就是李白、月亮、影子。

　　在这个名场面的构造过程中,李白正是利用了光线的直线传播,为自己营造出了三人小世界。

　　光在均匀介质中沿直线传播,通常简称光的直线传播。

　　我们在家也可以和李白一样,利用影子完成"影分身之术",和"影子朋友们"一起做一些动作。

光仔探索实验

观察影子

1. 在房间里设置多个光源；

2. 如下图，站在墙壁与光源之间的位置；

3. 做动作，观察影子；

4. 增减光源，观察影子变化。

尝试在下面布置光源的房间为阿巨画上影子吧！

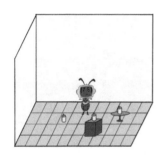 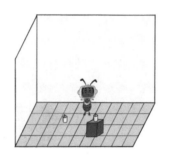 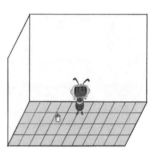

实验中，我们可以注意到，减少光源后，影子数目减少，影子颜色加深；而增加了光源以后，影子数目变多，影子颜色变淡。

手术中使用的无影灯正是利用了这个原理，通过大量光源的照射，让影子颜色淡到几乎没有，从而达到"无影"的效果。

另外，可以用影子来表演节目，精彩的手影表演就由此而来。

看过了各种各样的影子，那么地球上能看到最大的影子是什么呢？是大象的影子，还是世界上最大动物蓝鲸的影子？又或者，是已经灭绝的恐龙的影子？

答案：都不是。

我们可以来回忆一下前文提到的，地球的白天与黑夜。

仔细想想看，地球的影子够大吧？

没错！日复一日，地球上的黑夜区域正是地球自己的影子。

还有很多因太阳、月亮和地球的位置变化而产生的有关影子的天文现象，等待我们去了解，接下来就让我们一起去探索吧！

喜欢吃太阳的天狗

上一节说到，地球上最大的影子是地球的影子，而使这个影子形成的光源正是太阳。再回忆一下地球周围的一些星体。

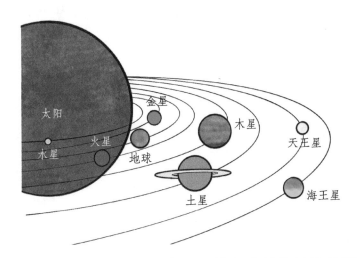

一个大胆的想法逐渐浮现出来——月亮或其他星体的影子，会不会出现在地球上？

答案：当然会，但并不是全部星体的影子都可能出现在地球上。

首先我们要确定的是，星体的影子落在地球上，光源当然是太阳，由太阳发出的光芒照亮了太阳系，所以本来就在发光的太阳是不会有影子落在地球上的。

那么，月亮的影子呢？

常年围着地球转动的月亮并不会发光。人们之所以能看到明亮的月光，是因为它反射了太阳光。根据位置的变化，每个月月亮都会经历一次圆缺变化。

而在朔日，也就是农历初一，有可能会出现一种天文现象——日食。

当月球转到太阳和地球中间，且三者恰好位于一条直线上时，月球正好可以挡住太阳射向地球的一部分阳光，这时处在月球阴影里的人看到的太阳部分或全部消失的现象，就是日食。

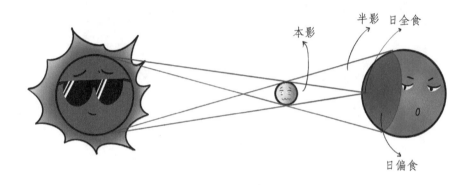

根据地球上观测位置的不同，日食分为日偏食、日全食、日环食三种形态。

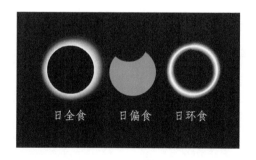

农历十五前后，当地球处于月亮和太阳之间，月亮运行至地球的阴影部分，月亮和地球之间的区域因太阳光被地球遮挡，人们所看到的月亮部分或全部消失的现象，就是月食。

和日食一样，月食也根据不同的观测位置，分为月偏食、月全食和半影月食三种形态。

光仔小提示》

日全食与日环食都有初亏、食既、食甚、生光、复圆 5 个过程，而日偏食只有初亏、食甚、复圆 3 个过程，没有食既、生光。

太阳光的直线传播除了给地球带来黑夜和白天、日食和月食外，还给其他星体带来了有趣的天象奇观。比如，如果你在火星上，也和在地球上一样可以观测到日食。那么火星日食要怎样才能实现呢？请制作太阳系星体模型，按照各个星体的自转、公转周期来模仿探索吧！

寸量时光

"一寸光阴一寸金，寸金难买寸光阴"。这句话里的金指的是黄金，而寸是长度单位，光阴则表示时间。整句话的意思是，一寸长的黄金都无法换来一寸长的时间，寓意时间宝贵，请珍惜时间。

可是时间的度量单位有时、分、秒，有时辰、刻等，就是没有寸这种长度单位。那么，这句话里的寸到底来源于哪里呢？时间又为什么被称作光阴呢？

这一切就要从最早的计时仪器——日晷，开始说起。

日晷指太阳的影子。据说，日晷在周朝就已被使用，而汉代《汉书·律历志》中也有日晷的相关记载："乃定东西，主晷仪，下漏刻……"这里的晷仪说的就是日晷，而漏刻则指通过滴水或沙漏等让时间测定更加精准。

　　日晷一般由晷针和刻有时辰的晷盘以及晷座构成，每天太阳光保持直射，晷针就会投影在晷盘上。一天之内，太阳的位置慢慢变化，晷盘上的投影也慢慢移动，影子指向的时间随之不断变化。

　　如果光指的是太阳光，阴指的是晷盘上的影子，那么光阴指代时间也就很容易理解了。

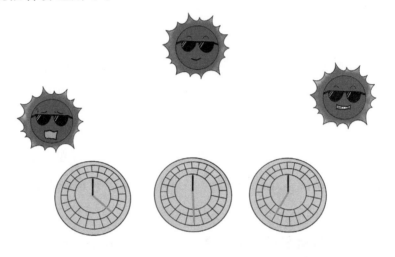

　　日晷有不同的形式。其中，赤道式日晷最常见。故宫太和殿前的日晷就是赤道式日晷，分正反两面。

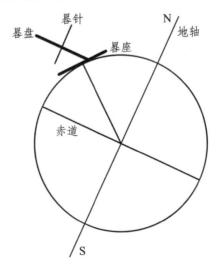

晷盘被等分成 12 份，分别对应十二地支：子、丑、寅、卯、辰、巳、午、未、申、酉、戌、亥。晷盘上每一份之间的距离都可以测量，那么光阴在这种情况下，也就可以用寸量了。

为了让时间表述更加精确，每个时辰还被分为初、正两格。如，子初对应 23~24 时，子正对应 0~1 时。

日晷的时间指示是比较准确的，也非常实用，但在阴雨天阳光过于微弱之时和太阳直射点位于赤道的春分、秋分时段时，日晷是无法帮助我们准确判断时间的。

测量宇宙

上一节我们说一寸光阴是一种比喻，这一节我们要讲一个含有光字的，并且真正与时间有关的长度单位——光年。光年虽然有一个年字，但并不是时间单位，而是长度单位，指的是光在真空中沿直线传播一年所经过的距离。

也就是说，一秒钟里，只要我们眨眨眼，光就已经以 299 792 458 米每秒的速度向前狂奔而去，这个速度快到人类的肉眼根本感觉不到。因此很久以来，大家都认为光的传播并不需要时间。

直到后来，一个叫罗默的丹麦人出现了。

1675 年，罗默观测到木星卫星食（和月食一个道理），并且把"食"发生的始末时间记录下来了。在这过程中，他通过木星的卫星发生"食"的时间变化，估算出光穿过地球公转轨道直径的时间约为22 分钟。

虽然罗默最终得出的光速和实际光速有一定误差，但因为他的发现，光速最终得以精确计算。

了解了光速是如何被计算出来的，下面就来探索第二个问题吧。如何利用光测量恒星与地球之间的距离呢？

要解决这个问题，我们需要了解一个定律：多普勒效应。

多普勒效应是指在运动的波源前面，波被压缩，波长变得较短，频率变得较高（蓝移）；在运动的波源后面，波长变得较长，频率变得较低（红移）。

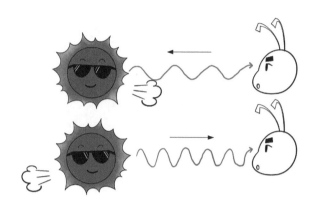

因此，根据此效应，在恒星发出的可见光波段中，若恒星正在远离我们，则发出的光颜色会更红；若恒星正在靠近我们，则会发出偏蓝色的光。

接下来，我们就来介绍一种（假设同一类恒星明暗度一致）测量恒星间距离的方法——分光视差法。

举个例子：有一颗恒星 A，比旁边离地球 80 万光年的恒星 B 暗了 100 倍，那么恒星 A 离地球的距离就是 800 万光年。

我们来看一下计算方法：80 万光年×$100^{\frac{1}{2}}$=800 万光年。

读者朋友可以试着按照数据对应关系，推导距离计算公式。

可能会有读者发出疑问，要通过已知的恒星 B 离地球的距离，我们才能推算出别的恒星离地球的距离，那么恒星 B 离地球的距离是怎么算出来的呢？

这里我们来介绍一种测量离地球 100 万光年内恒星与地球之间距离的方法——三角视差法。

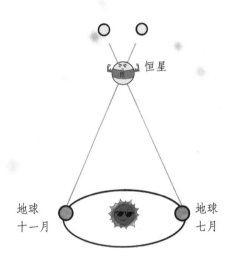

三角视差法是一种利用不同视点对同一物体的视差来测定距离的方法，即分别在两个视点上对同一物体进行观测，两个视点与两条视线之间的连线构成了一个等腰三角形，三角形顶角角度可以测得，有了顶角的角度，就可以计算出三角形的高，也就是物体距观察者的距离。

综上，掌握了三角视差法和分光视差法，就可以测量宇宙中天体之间的距离了。

第七章
光的反射

光让我看到了万物

描述黑暗的环境时，我们常会说伸手不见五指。没有光，就无法用肉眼看到这个世界的任何东西。人类和动物通过眼睛看到东西，其实并不是看到物体本身，而是物体反射的光线进入人眼后，让人看到了物体。

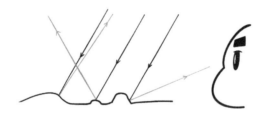

不同的物体结构、不同的表面质感、不同的间隔距离等信息，我们的眼睛都可以通过光线的反射判断出来。

物体的表面大多是凹凸不平的，因此当光线照在这些物体表面上时，凹凸不平的表面把光线反射到不同方向，我们把这种反射称为"漫反射"。当物体反射的光线进入了我们的眼睛，我们就看到了物体。

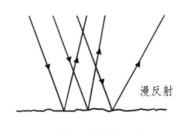

漫反射

　　漫反射让我们能够判断出物体的质感，那么，我们是如何看到物体的颜色的？当光线照射到一个不透明的物体上时，物体表面吸收大部分可见光，同时将剩余的可见光反射出来，反射光线的颜色即物体的颜色。白色物体可以反射所有颜色的光线，而黑色物体则吸收所有颜色的光线。

光仔思考时间

　　夜晚，用手电筒照向天空和在真空的宇宙中照向别处，观察到的光束有什么区别？

　　在夜晚用手电筒照向天空，我们能够看到明显的光束，但如果在真空的宇宙里，就不会产生光束。这是因为，空气里有很多悬浮的灰尘、颗粒等物质，它们反射了光线，所以我们才能看到光束的存在。

镜子里的世界

有光就有影，有凹凸不平物体的漫反射，就有和漫反射不同，完全光滑的平面把照射过来的光线直接全部反射的镜面反射。日常中最直观的就是照镜子，这里的镜子称为平面镜。

当光线照在我们身上时，通过漫反射，光线被反射到平面镜，然后，平面镜又将光反射到我们的眼睛里，让我们看到了自己在平面镜中的虚像。

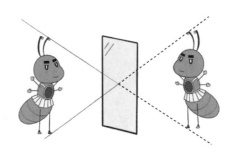

平面镜中的像是与物体等大的虚像，物体到平面镜的距离和像到平面镜的距离相等，所以像和物体以平面镜为中线对称。不论物体与平面镜的距离怎么变化，在平面镜中所成的像的大小都与物体相同。但当人靠近平面镜时，看到的像在"变大"，远离平面镜时，看到的像在"变小"。这是因为人眼观察到的物体的大小，不仅与物体的实际大小有关，还与视角密切相关。当物体距离人眼近时，视角大，因而会觉得物体大；当距离较远时，视角小，自然会觉得物体小，于是就有了一种"近大远小"的感觉。

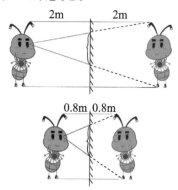

镜面反射的情况在自然界很常见。

被称为天空之镜的旅游胜地茶卡盐湖在无风的时候，平静的水面就像镜子一样，可以映照出天空的景象，远远看去，湖面和天空融为一体，十分美丽。

还有一个观察镜面反射最为直观的方法，选择一个黑暗的环境，在地面上平放一面镜子，用手电筒从侧面照射镜子，在不同的角度我们能观察到光线呈现的不同状态。

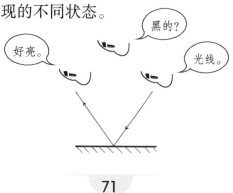

第八章
光的折射

摸鱼神技

对于人类来说，鱼肉是非常优质的食物，含有较高的蛋白质和大量对身体有益的氨基酸。随着社会的进步和技术的发展，人类对鱼类的捕捞和养殖方式不断创新，以便在不损害野外鱼类种群存续的情况下，能够吃到各种鲜美的鱼肉。

捕鱼的方法有很多，但是最考验个人经验和技巧的，就是徒手摸鱼。

摸鱼或者在溪水里摸石头的时候，我们会发现，如果我们按照看到的鱼或者石头的位置伸手去摸，一定摸不到鱼或石头。它们的实际位置，总在我们看到的位置下方一些。

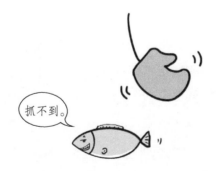

这样的视觉误差，其实是光跟我们开的小玩笑，其原理正是光的折射。

光从一种透明介质斜射入另一种透明介质时，传播方向一般会发生变化，这种现象叫光的折射。

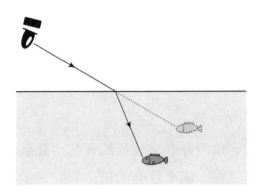

要了解正确的摸鱼方法，我们首先要了解光的折射定律。

光从空气斜射入水或其他光速小的介质中时，折射光线与入射光线、法线在同一平面上，折射光线和入射光线分居法线两侧；折射角小于入射角；入射角增大时，折射角也随着增大。当光线垂直射向介质表面时，传播方向不变。当光从水或其他光速小的介质中斜射入空气时，折射角大于入射角。

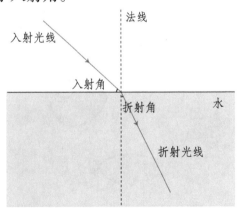

简单来说，折射规律分三点：

（1）三线一面；

（2）两线分居；

（3）两角关系分三种情况：

① 入射光线垂直界面入射时，折射角等于入射角，均等于 0°；

② 光从空气斜射入水或其他光速小的介质中时，折射角小于入射角；

③ 光从水或其他光速小的介质斜射入空气中时，折射角大于入射角（但存在于空气中的角总是较大的）。

在光的折射中，光路是可逆的。因此我们摸鱼时，只需要以下三步：

（1）首先要找到一个水下参照物（如石头），测试一下这个物体看起来所处位置和触摸时实际位置的差距；

（2）观察到的鱼的位置和鱼的实际位置的差距与步骤（1）中评估出的差距成比例，推算一下鱼应该在哪里。

（3）瞄准推算好的位置，摸鱼！

只要推算得够准确，一定可以摸到鱼！

光仔小提示》

　　由于光的折射，池水看起来比实际的浅。所以，当你站在岸边，看见清澈见底的水时，千万不要贸然下去，以免因对水深估计不足，惊慌失措而发生危险。

无法到达的空中楼阁——海市蜃楼

古代传说里的仙境，有在海上的，比如蓬莱仙岛，也有在沙漠里的，比如神秘绿洲。这其实并不是无中生有，实际是因为古人确实在海上或沙漠里看到了悬浮在空中的房屋或绿洲，才有了对仙境的美好幻想。

现在，人类可以飞上天空，甚至飞向宇宙，可是这悬浮在空中的"仙境"，人类始终都没有到达过，因为它其实只是地面人类文明的"影子"。

要了解为什么在海上和沙漠里更容易看到仙境，就要先观察形成空中仙境的环境。

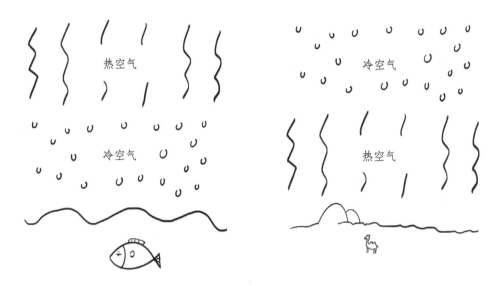

两种环境中，无论是海上还是沙漠上方，都因温度的大幅变化而存在明显的空气密度差异，这让该部分区域内的空气和普通的空气有了不一样的折射率。

前面已经讲过，物体能被我们看见是因为它们反射了光线，这些反射的光线除了一部分进入我们的眼睛，还有一部分被反射到了很远很远的地方。也许有一些就恰好被反射到了海洋或者沙漠里，当遇到不同密度的传播介质而经过多次折射后，进入了我们的眼中，就变成了可望而不可即的空中仙境。

然而，海上仙境与沙漠中的仙境呈现形态有所不同。

光仔小提示》

古人给天空中出现的"影子"取了一个好听的名字，叫"蜃"。因此，人们将这种现象称为"海市蜃楼"。另外，在空中出现的蜃，叫上蜃；沙漠中离地面更近的蜃，叫下蜃。

沙漠中的空气下热上冷，上层空气密度更大，下层空气密度更小，因此折射率更低，所以当远处较高物体反射出来的光，从上层密度较大的空气进入下层密度更小的空气时，被不断折射，入射角逐渐增大。当入射角增大到一定角度（这个角度叫临界角）时，光线不再折射，而是全部反射回来（全反射）。逆着反射光线看去，就会看到贴着地面的"影子"。

海上的海市蜃楼则更奇妙，是物体反射的光经过大气折射形成的。由于海面上的冷空气和高空中的暖空气密度不同，物体反射的光线经密度大的下层空气折射进密度小的上层空气时，会在上层空气中发生全反射。逆着反射光线看去，会看到从天空某一空气层反射而来的正立的"影子"。

由于光线在不同情况下的折射，海市蜃楼可能是正立的像，也可能是倒立的像。这样的差异有什么特殊的规律呢？现在就用蜡烛和凸透镜进行模拟实验吧！

光仔探索实验

蜡烛的影子

第一步，确定蜡烛通过凸透镜折射的成像位置，标记出来。

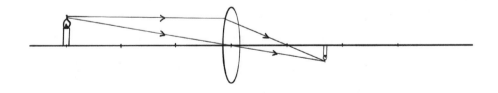

第二步，前后移动蜡烛，调整幕布位置，观察像的变化。

这时候我们会发现，经过几个特殊的点后，蜡烛成的像会由正立的像变成倒立的像。

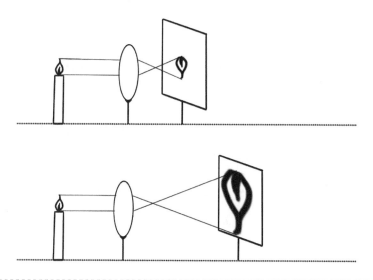

既然了解了海市蜃楼的形成原理，那么想要观察海市蜃楼，就不再困难。选择符合上述要求的自然环境，接下来就只需要耐心等待"空中楼阁"的出现。

在我国，位于山东省的长岛是中国海市蜃楼出现较频繁的地方。每年的七八月，长岛进入夏季，炎热的天气中如果下一场雨，海面之上就会出现下冷上热的情况，只需要大气层的一点帮助，海市蜃楼就会浮现在空中。除此之外，广东惠来、新疆鄯善也都是观察蜃的极佳地区。

天空的色彩魔法——彩虹

毛主席有诗写道：赤橙黄绿青蓝紫，谁持彩练当空舞？

从这首诗里我们可以看到两个知识点：

① 虹有七种颜色，分别是赤、橙、黄、绿、青、蓝、紫；

② 练是彩带，舞动起来的彩带是弯曲的，所以虹是弯曲的。

有虹的地方大多是因为空气中有许多小水滴，如雨过天晴后的天空。当太阳光通过这些小水滴的时候，一些变化开始发生！

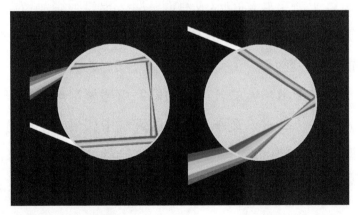

光线从不同角度进入水滴，产生了不同的反射、折射效果

不同波长的光，其折射率有所不同，红光的折射率比蓝光小，而蓝光的偏向角度比红光大。由于光通过小水滴先进行一次折射，然后在水滴背面反射一次，离开水滴时再折射一次，不同波长的光，其光

路发生了不同角度的变化，光被分散了，红光因偏折最小，散于光谱最上方。于是，原本白色的光变成了七彩，形成了虹。

最早发现这一点的人是牛顿，他通过三棱镜首次分离了太阳光，并且因为这一项发现开创了光谱学研究。

光穿过水滴时发生一次反射会形成彩虹，如果发生两次反射呢？彩虹的颜色排列反过来了，这种情况，我们称之为霓。霓和虹相伴而生，只是霓一般没有虹那么明显，所以经常被忽略。

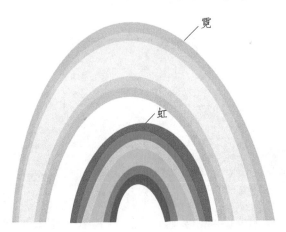

现在来讲讲，为什么自然界的彩虹是弧形的。

我们仍然要把话题转移到水滴上。太阳光不可能从水滴的下方射入，所以入射位置就是水滴的左上、正上、右上。

其中，正上位置射入的光线，因为垂直于小水滴，不同波长光的折射角度不会发生变化，所以正午一般不会出现彩虹。

光线从左上和右上位置射入水滴，则会通过水滴进行两次折射和一次反射，并通过水滴右下或左下的弧面射出，向下偏折。

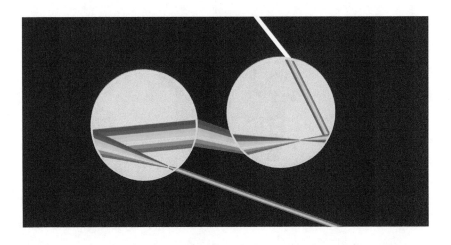

天空中有很多水滴，如果它们排成一排，结果如下图所示。

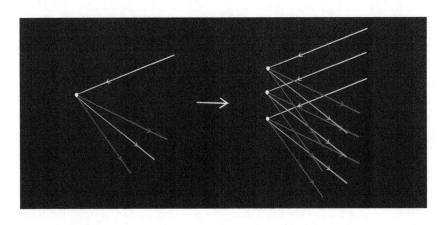

对于观测者来说，不同位置的水滴所折射的光的颜色不一样，高角度的水滴看起来是红色，而低一些的则是紫色。也就是说，水滴看起来是什么颜色，取决于它折射到眼睛的光线与阳光的夹角。

所以，如果我们确定了太阳光的方向，就能确定水滴反射出的不同颜色光的范围，而这个范围正好是一个圆锥形的侧面。由外到内，分别是红、橙、黄、绿、蓝、靛、紫。

彩虹的形状也会根据观察位置的变化而变化，当我们在地面上观察彩虹，彩虹大多是拱桥形的，但当我们在高空观察时，彩虹有可能是圆形，甚至可能是几个圆形相交错的。

光仔小提示》

因为水滴每分每秒都会变化，所以进入我们眼睛的光每分每秒也会变化。即便在同一位置观察彩虹，也没办法看到两条相同的彩虹。换句话说，每一眼看到的，都是一条全新的属于你的彩虹。

全世界都有主角光环——光谱

复色光通过棱镜、光栅等光学器件分光后，被色散开后单色光按波长（或频率）大小依次排列，称为光学频谱，简称光谱。

光谱中的一部分光是肉眼可见的，被称作可见光。但光谱并未包含人脑视觉所能识别的所有颜色，比如褐色、粉红色。

光具有波粒二象性，既是波又是粒子，光粒子被称作光子。光子运动过程中，电子产生的电磁辐射被称作光波。不同物质原子内部的电子运动情况不同，发射的光波也不同。研究不同物质发光和吸收光的情况的学科叫作光谱学。

复色光由各种波长或频率的光共同组成，不同波长或频率的光在同一介质中折射率不同。因此，当复色光通过如三棱镜之类的几何形状介质后，波长不同的光线通过介质后出射角不同，因而发生色散，投射出彩色的光带。

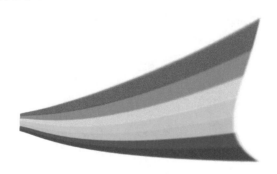

　　这个原理亦被应用于著名的太阳光的色散实验。太阳光看起来没有颜色，但当它通过三棱镜折射后，形成由红、橙、黄、绿、蓝、靛、紫顺次排列的彩色光谱，包含了大约390~770纳米的可见光区。这一实验由英国科学家牛顿于1665年完成。

前面两部分介绍了反射和折射，其中反射又包括光线照射在凹凸不平的表面上产生的漫反射，以及光线照射在光滑平面上产生的镜面反射。

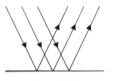

镜面反射　　　　　漫反射

光从一种透明介质斜射入另一种透明介质时，传播方向一般会发生变化，这种现象叫光的折射。

有时候我们还会遇到一种情况，当传播介质不均匀时，光线在介质中向不同方向分散传播，这种现象被称作散射。

散射和折射、反射等有一些类似之处。另外，这几种现象也可能会同时发生。所以，在接下来的章节，我们要开始对散射进行详细介绍，确保读者能够准确地区分不同的光学现象及其原理。

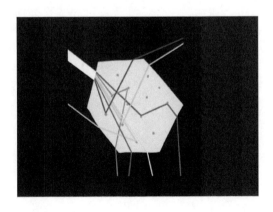

第九章
光的散射

天空为什么这么蓝——瑞利散射

空气是透明的，宇宙是黑色的，天空却是蓝色的。水是透明的，沙是灰色、黄色、白色的，海却是蓝色的。这奇妙的蓝色并不是凭空而来，而是太阳系核心——太阳的杰作。

太阳光由多种色光组成，每种色光都有对应的波长。当太阳光进入大气层后，变化就开始出现了。

大气层有很多微粒和空气分子，它们喜欢将色光向各个方向分散。其中，波长较短的紫光和蓝光最容易被分散到各处，而波长较长的色光因透射能力强顺利穿过大气层。因此，大气中弥漫着蓝光和紫光，又因人眼对蓝光更敏感，所以天空看起来就是蓝色的。

这种光学现象被称为瑞利散射。瑞利散射属于散射类型中的一种，又称"分子散射"。当大气中的粒子尺寸远小于入射光波长时，就会发生瑞利散射。

经过大气层后，被散射的光重新组合，多种色光再次汇聚成了白光，因此这时，我们看到的光仍然是透明的。

要注意的是，上面描述的是太阳垂直或者相对垂直照射地面时的情况。而太阳倾斜照射地面，且倾斜角较大时，则会出现更有趣的现象——朝霞、晚霞。霞光呈现橙红色，也是因为瑞利散射。

早晨或傍晚时，太阳光以一个非常倾斜的角度照在大地上，光在大气层中经过的距离变长，波长短的色光都被散射掉了，能够到达地面的就只剩下波长较长的红光、橙光，因此朝霞、晚霞就变橙红了。

海水的蓝色，也是同样的道理。

水有吸收光的能力，对波长较短的蓝光吸收能力远不如对波长较长的红光。此外，水吸收多少光，和水量也有关系。因此，水量少的时候，吸收的光少，水看起来就像是无色透明的。当水量逐渐增多，波长较长的红光被吸收，剩下波长较短的蓝光被散射和反射，这时的水看起来就是蓝色的。

红光破迷雾——米氏散射

红灯停，绿灯行，黄灯亮了等一等。那么大家有没有好奇过，为什么交通灯会选择红、黄、绿这三种颜色呢？这与本书的内容主题——光有一定关系。这三种颜色的选择是依据了光的传播特性。

交通灯主要用在城市交通路线上。平时路面上的尘土、汽车的尾气，以及春季的沙尘暴、秋冬的雾霾等恶劣天气的存在，让行驶车辆能够清晰地看到交通指示灯就显得非常重要。

在讲交通灯颜色的选择之前，我们需要讲到一个概念——气溶胶。

由微小的固体或微小液滴分散悬浮在气体介质中形成的胶体，称为气溶胶。

雪花 小水珠 尘埃

0.001~100 微米固体小颗粒

雾、霾及悬浮的尘埃，都是气溶胶。

当我们清楚光芒需要穿透什么样的介质，那么，就可以根据对应的定理来选择合适颜色的灯了。

光线透过大气中的烟、尘埃、小水滴等微粒，当这些粒子的直径和光辐射的波长差不多时，散射就发生了。这种情况下的散射，称为"米氏散射"。例如，雾的粒子大小与红光波长接近，所以云雾对红光的散射主要是米氏散射。

米氏散射的散射强度与频率的二次方成正比，且光源前方发生的散射比后方强得多。所以，光的频率越高，越容易被散射；光的频率越低，散射越弱。

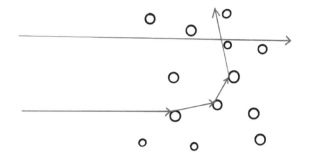

我们可以看到，在米氏散射的情况下，红光的传播距离明显要大于蓝光。同理，根据不同色光的频率，排列传播距离依次为：红＞橙＞黄＞绿＞蓝＞靛＞紫。警示灯理所当然选择传播距离靠前的颜色来应对不同的天气情况。那么为什么选择了红、黄、绿而跳过了橙色呢?

主要是因为橙色和红色、黄色颜色有些接近，在视觉上容易产生混淆。而两色交通灯仅有红色和绿色，也是因为红色和绿色的差异性更大，不容易被看错。

光仔思考时间

　　云也是大量微小水滴聚集的气溶胶，那么云为什么是白色呢？

第十章
衍射与干涉

抠图假？因为你不懂光——衍射

在一些影视剧里，经常会出现一些特效差、抠图明显的画面，画面中的人物完全没有融入背后的场景，让观众一眼就能看出人物是通过后期技术加上去的。

出现这些问题不是因为使用的软件不好，最主要的问题是——你不懂光！

光仔探索实验

刮胡刀的影子

将一个刮胡刀片悬挂，下方铺上一张白纸，点光源从刀片上方垂直向下进行照射，观察刮胡刀片的影子。当点光源垂直从上方照射刮胡刀片时，白纸上的阴影边缘出现了明暗交替的波纹。

实验中出现的明暗相间的波纹，显然不是周围物品反射的光而导致的，并且有一部分光是绕过物品，进入了阴影里。

这种现象，被称为光的衍射。衍射是指波遇到障碍物时偏离原来直线传播的物理现象。

如果将单束光射向一个等于或小于它波长的细缝，就可以明显观察到衍射现象了！

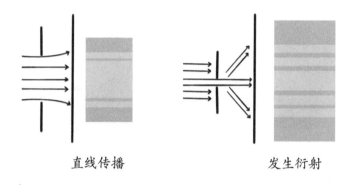

直线传播　　　　　　　　发生衍射

因此我们得出结论，虽然光是沿直线传播的，但是它可以绕过障碍物。

对应到影视剧的特效或抠图，根据光线的传播规律，人或者物的边缘也会发生衍射，边缘是不会非常清晰的，而制作者把边缘处理得过于清晰，反倒影响了真实感。

黑暗之中有光明——泊松亮斑

时间回到 17 世纪。那个年代，人类对光的认知还停留在光是粒子还是波的争论中。

争论的双方代表人物是两位物理学大佬。

光是粒子！

光是波！

牛顿

胡克

很长一段时间里，人们在这两种认知中左右摇摆，直到一个弃医从物理的英国人托马斯·杨做了一个著名的实验——光的双缝干涉实验，再次证明了光的波动性。

光仔探索实验

双缝干涉实验

1. 准备点燃的蜡烛、不透光的卡纸、屏幕。

2. 卡纸上开一个小缝，将其放置在蜡烛和屏幕之间，观察屏幕上出现的明暗情况。

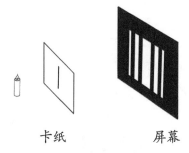

卡纸　　　　　　　屏幕

3. 卡纸上开两个狭窄的缝隙，将其放置在蜡烛和屏幕之间，观察屏幕上出现的明暗情况。

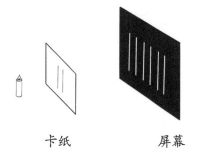

卡纸　　　　　　　屏幕

当光透过两个狭窄的缝隙投射在屏幕上时，明暗的条纹看起来像两组互相干涉的水波。

因为这次实验，关于光是波还是粒子的争论再起，反对光波动说的一位物理学大佬泊松站了出来！

如果是波，在光路上放一块不透明的圆板，边缘会有衍射，中间会出现一个亮斑！有本事你做实验给我证明！

做就做！

泊松　　　　　　菲涅耳

结果是，一个叫菲涅耳的年轻人的实验结果，完全和泊松觉得不可能的情况一致。

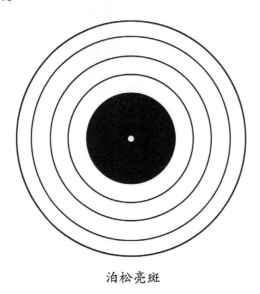

泊松亮斑

泊松原本想推翻光的波动说，没想到却证明了光的波动。后来，阴影中间的亮点也就被命名为"泊松亮斑"。

色即是空——相长干涉

蝴蝶的翅膀五颜六色，在太阳光下能够反射出非常漂亮的光泽。这些美丽的颜色中有一部分是源于生物色素，另外一部分则是特定微观结构产生的光学现象。

蝴蝶的翅膀上布满了细小的鳞片，这些鳞片上有特殊的纹路。当光照射到蝴蝶的翅膀上，鳞片上特殊的纹路对光进行多次反射，从而使蝴蝶想要展示出来的颜色被加倍了！其他颜色的光要么继续传播，要么被抵消，只剩下蝴蝶想展示的颜色。

这种光学现象在波的叠加原理中有专属定义：如果两列波的波峰（或波谷）同时到达同一点，这时干涉波会产生最大的振幅，称为相长干涉。

　　这时候问题又来了。什么是干涉?

　　干涉是指两列或两列以上的光波在空间中相遇时发生叠加从而形成新的波形的现象。

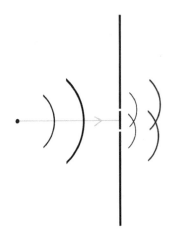

腊牛肉七彩反光之谜——光栅衍射

腊牛肉是陕西的传统美食。每逢年节，口碑风味俱佳的老字号腊牛肉店门前都会大排长龙，有时需要五六个小时才能买到腊牛肉。

陕西本地的老饕，喜欢让店主用纸包，而不是抽真空，这样可以确保腊牛肉的肉质不被挤压，以免影响口感。

当然，有时候你可能会买到有些发绿的牛肉，甚至有可能是七彩反光的。

这腊牛肉怎么变绿了？

　　这种情况并不一定是肉变质了，更大的可能是光的"恶作剧"。

　　观察牛肉的肌肉组织，一条一条的肌肉纤维整齐排列着。如果垂直肌肉纤维切牛肉，肌肉纤维被切断，断面上就会形成相对规律排列的凹凸结构。当光线从一定角度照射在断面时，光就会被折射出彩色的光。这个现象被称作反射式光栅效应，也是一种光的衍射现象。另外，肥嫩的牛肉包含着丰富的油脂，这些油脂在牛肉的表面形成了油脂薄膜，会让照射在牛肉表面的光发生干涉，也会让牛肉看起来"变绿"。

　　因此，在腊牛肉没有变质的情况下，就算肉看起来是绿的，或者五彩的，都可以放心食用！

　　除了腊牛肉以外，许多熟肉也有可能出现这样的情况，不妨在日常生活中探寻发现吧！

遇事不决，量子力学——干涉

我们从前文知道，两组频率相同的光相互叠加的现象叫作干涉。干涉现象证明了光具有波动性，而在此证明实验中，前文提到的双缝干涉实验无疑是最具代表性的。

最初的双缝干涉实验初步证明了光的特性，但是随着后来的科学家对这个实验进行了升级，事情变得神奇起来！

光是由许多光子组成的，每一个光子都是一个粒子。

在随后的实验中，如果我们用电不断向前射出光子，那么这些光子会落在幕布上的同一个位置。

接下来，在发射装置前方设置一块有两条狭窄缝隙的纸板。设置好后，一个个地发射光子。

结果，原本大家猜测的两道竖直亮线没有出现，出现的竟然是波动的干涉条纹！

为了搞清楚每个光子是如何通过两个缝隙形成如此有特色的"走位"，物理学家设置了电子探测器进行观察。

这时，神奇的一幕出现了！

当用电子探测器观察时，幕布上出现了两道竖直亮线。

当不用电子探测器时，幕布上出现了干涉条纹。

　　最终，物理学家们还是没有观察到干涉现象发生时光子是从哪个缝穿过的，仿佛光子在有意识地"躲避"观察。

第十一章
光的偏振

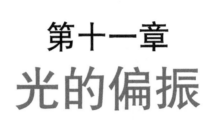

动感光波——偏振

科幻片里的超级英雄有各种各样的光波武器，一道道光波射过来，所向披靡。其实，厉害的光波也有克星，它的名字是——偏振片。

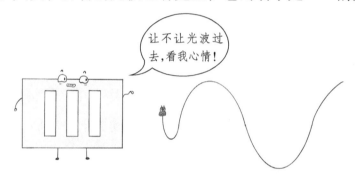

光波是一种电磁波，属于横波。

横波的特点是质点振动方向垂直于波的传播方向。甩绳子就可以模拟出一列横波。

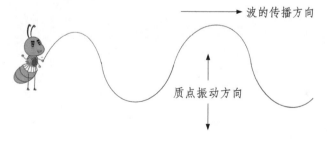

纵波是指质点振动方向平行于波的传播方向的波,和弹簧玩具非常相似。

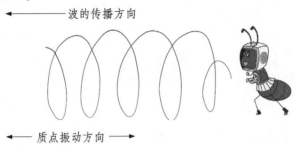

要想阻挡动感光波,必须使用一个神奇的东西——偏振片。偏振片上有很多平行的长方形"心门",并且很专一地只对横波"有感觉",只让横波通过。

和其他普通的传播介质不一样,偏振片有自己的特长。

当偏振片的"心门"方向和横波的振动方向平行时,整个横波都可以顺利通过偏振片。

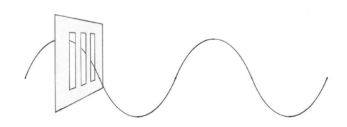

当偏振片斜着时,通过它"心门"的横波明显弱小了许多。

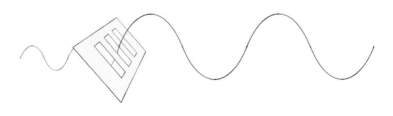

而当偏振片"心门"与横波振动方向垂直时，横波就彻底无法走进偏振片的"心扉"了。

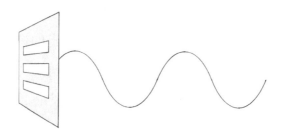

偏振片让光减弱了多少，该如何计算呢？

首先，我们设置一束光波，接下来我们让光波通过一个偏振片，在此过程中，光线有什么变化呢？

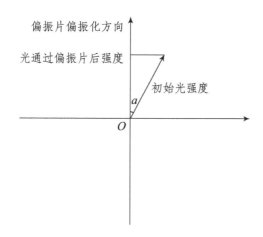

上图中，α为初始光波与偏振片偏振化方向所成夹角。已知初始光强度，向偏振化方向作垂线，交点数值就是光线经过偏振片后的强度。交点数值可以通过测量代表初始光强度的线段长度和O点到交点长度，等比例计算。

例如：初始光强度为M，其线段长度为 5 厘米，O 点到交点长度为 4 厘米，那么交点数值应为 $4M/5$。

如果已经学习掌握了勾股定理，那么计算将更加简单，有兴趣的读者可以尝试探索一下计算方法。

最终，我们得出了相对于传播方向的不对称性。这种横波出现的不对称性称作偏振。光波的这种不对称性称作光的偏振。

当然，偏振片平放时，横波因无法匹配也就没办法通过了。

利用偏振片，只要角度、数量设置得当，理论上来说可以阻挡光学武器。

第十二章
透　镜

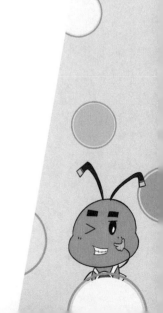

人体自带凸透镜

眼睛是心灵的窗户，能表达情绪，也能帮助我们看到这个丰富多彩的世界。眼睛能看到东西，主要依赖于眼球、视神经、大脑的相互配合。

眼球是帮助我们接收影像信息的媒介，眼球的结构并不简单，由晶状体、角膜、瞳孔、睫状体、睫状肌、视网膜等构成，它们各司其职，缺一不可。

其中，晶状体就是我们天生自带的凸透镜，与它紧密相关的是睫状肌。睫状肌非常强壮，可以控制晶状体的形状。当物体离眼睛较远的时候，睫状肌放松，晶状体变薄，从而控制物体反射的光，让光通过晶状体的折射，落在视网膜上。

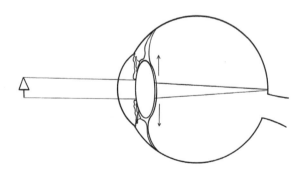

当物体离眼睛较近的时候，睫状肌上下发力，把晶状体压厚，同样确保物体反射的光落在视网膜上。

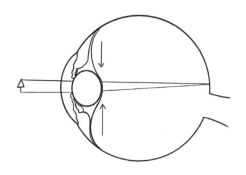

众所周知，力量训练练肌肉，如果不练习柔韧度的话，身体会变得僵硬。睫状肌虽然小，作为肌肉也拥有一样的"性格"。如果长时间看近处的事物，睫状肌会一直处于紧张、收缩的状态，久而久之，没有时常练习柔韧度的睫状肌会变得僵硬，再也没办法放松，晶状体也将习惯常态的形状无法变薄，眼睛就近视了。

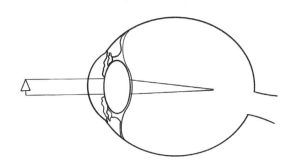

 光仔小提示》

如果不想让眼睛近视，就要时常让眼睛放松，看看远处的事物，放松睫状肌，让其保持一定的柔韧度。

通过晶状体这个人体自带的凸透镜，可以看出凸透镜对光线的会聚作用。

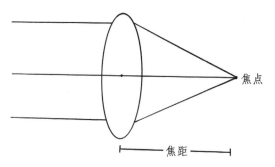

万一近视了也还有办法解决，光学的问题，就用光学来解决！

心灵之窗上的玻璃——眼镜

如果长时间以不正确的坐姿学习，长期在昏暗的灯光下读书，或者长时间面对手机、电脑屏幕，可能有一天你会惊讶地发现，远处的东西慢慢看不清楚了，但看近处的东西却不受影响，并且视觉没有恢复的迹象。如果出现这种情况，那么你可能是近视了。

近视是因为晶状体的弧度变大，如果在眼睛前叠加上一层凹透镜，就能让近视眼看清远处的事物了。

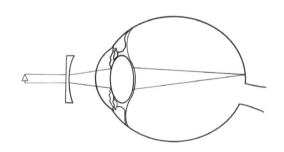

那么，配眼镜时所说的 200 度、300 度，这个度是什么呢？

要了解眼镜的度数，首先要了解一个概念——屈光度。屈光度和焦距有如下关系：

$$屈光度 = \frac{1}{焦距}$$

屈光度的度数为：

眼镜的度数=100×屈光度=100/焦距

屈光度是可叠加的，配眼镜时，不断叠加凹透镜能够准确地试出哪个度数的眼镜更适合。

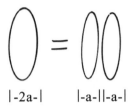

如果眼镜的度数是 500 度，我们可以得到 500 度=100/焦距。这样焦距计算出来就是 0.2 米。这时就可以根据焦距制作眼镜了。

戴上合适的眼镜世界变得好清晰。

在开始看后面的内容之前，我们先回忆一下相关内容，之后要了解的知识与此内容相关哦。

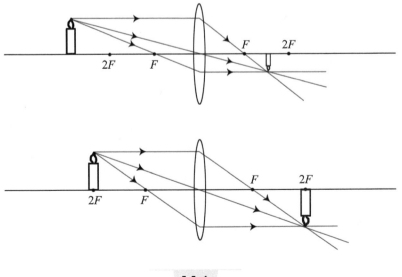

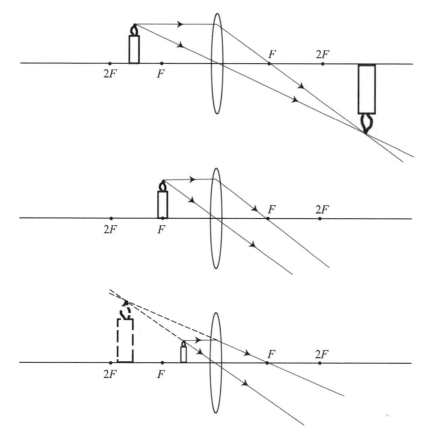

物距(u)	像距(v)	像的特点	应用
$u > 2f$	$f < v < 2f$	倒立缩小实像	照相机
$u = 2f$	$v = 2f$	倒立等大实像	—
$f < u < 2f$	$v > 2f$	倒立放大实像	投影仪
$u = f$	不成像	—	—
$u < f$	物像同侧	正立放大虚像	放大镜

千里眼——望远镜

发现了凸透镜的放大功能后，人们不甘心只将它制成手持式放大镜，一个大胆的想法不断冲撞着人们的大脑：如果能制作出"千里眼"该有多好啊，不管将它用于军事、航行，还是用于观景、娱乐，都是让人兴奋的事情！

梦想和光学的碰撞，在某一刻让不可能变为可能！

我们来思考一下，如果要看到千里之外的物体，需要怎样利用凸透镜。

光仔探索实验

制作"千里眼"

第一步，我们首先考虑的是，把千里之外的物体的像尽量

拉近。依照上一节我们提过的凸透镜成像特点，成像点需要位
于凸透镜的一倍焦距和二倍焦距之间。

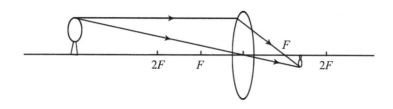

　　这一步我们可以注意到，当物距大于二倍焦距时，像距大
于一倍焦距小于二倍焦距出现的是一个倒立的实像。

　　第二步，把拉近的像放大到能够看清的程度，同时让实像
变成能被直接观测到的虚像。所以，需要增加一块凸透镜，使
之在实像右侧一倍焦距外的位置，这样我们就能观察到倒立的
虚像了。

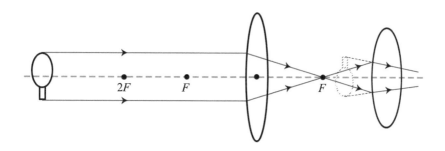

　　据此，出现了一款望远镜——开普勒望远镜。但开普勒望远
镜有个缺点，利用它所看到的像都是左右、上下相反的。

　　其实，在开普勒望远镜发明之前，有人萌生了一个想法——
如果用一个凸透镜和一个凹透镜叠加，是不是就能看到远处的
事物，且观察到的是一个正立的像呢？

　　我们把目镜换成凹透镜放在凸透镜右侧一倍焦距内的位置。
利用凹透镜与凸透镜会聚光线相反的发散光线的性质，就可以

看到一个正立的虚像了。这就是第一个天文望远镜——伽利略望
远镜。

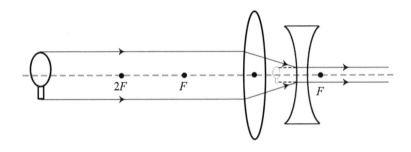

　　瞧，只需要两块透镜，远方的景色就可以尽收眼底，人人都可以
是"千里眼"。

细致入微——显微镜

望远镜让我们看得更远，显微镜让我们看得更小。

从细胞到原子，显微镜能帮我们看得清清楚楚。而这个看清微小物体结构的过程充满了光学原理。

显微镜的目镜和物镜是凸透镜，物镜的焦距小于目镜的焦距。通过物镜看物体，能够看到倒立、放大的实像。当这个实像落在目镜焦点内，通过目镜观察，会看到正立、放大的虚像。因此，先通过目镜再通过物镜观察物体，相当于叠加了以上两个过程，观察到的是物体的倒立且被放大后的虚像。

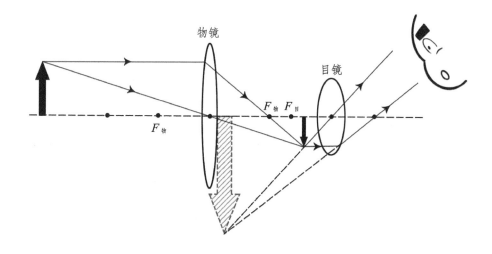

　　用显微镜观察物体时，如果看到的物体偏上，要让它居中，怎么挪动呢？如果物体偏左，要让它居中，又怎么挪动呢？请通过位置变化原理，进行一下推演。

　　普通光学显微镜的反光镜功能是反射光线，照亮被观察的物体。反光镜一般两面都是镜面，一面是平面镜，在光线较强时使用；一面是凹面镜，会聚光线的能力更强，在光线较弱时使用。

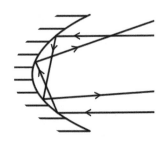

　　随着科技发展，荧光显微镜、偏光显微镜等有针对性的光学显微镜和电子显微镜都已经得到充分应用，帮助我们探索世界上的微小细节。

带上有色眼镜看世界

当阳光强烈或者在雪原上时,我们一般会佩戴太阳镜来保护眼睛,确保眼睛不会被光线所伤,如此实用的发明是怎样出现的呢?

最早的太阳镜是用有色玻璃制作的,有色玻璃能够吸收一部分光线,让太阳光不那么刺眼。然而,这种太阳镜会导致看东西时颜色失真,甚至因为镜片颜色太深影响视线。如果在晚上使用,也有当场"失明"的可能。

推动太阳镜发展的技术,是在第二次工业革命时出现的,就在看似和太阳镜毫无联系的航空领域。

要让飞机上天,自然少不了飞行员。当飞行员开着飞机漫游云上时,强烈的阳光会让飞行员的眼睛非常难受。为了改善飞行员的飞行体验,提高飞行员的观察力,经过精心设计的太阳镜成了飞行员必备的装备。

通过飞行员的"代言"，大众很快发现，太阳镜不仅能够吸收阳光，散热的效果也很好，能够消除眼睛受烈日暴晒的痛苦。同时，还有很重要的一点，人们可能觉得戴着太阳镜看起来特别帅。

因此，太阳镜很快就在大众中流行了起来。除了款式，太阳镜的功能也得到大幅度提升。在这些太阳镜中，偏光太阳镜出类拔萃，能够有效过滤太阳光中的紫外线，避免眼睛受到紫外线的伤害。

第十三章
留声留影

3D 电影

已知一条线段 *AB*，要画出这条线段的中垂线，该怎么做呢？

先测量线段 *AB* 的长度，接着分别以线段两端为圆心，以大于线段一半长度为半径用圆规画圆，两个圆交叉得到两个交点，最后用直尺连接两个交点，画出的直线就是对应线段的中垂线。

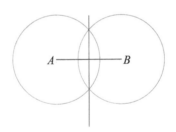

通过画出的中垂线，就可以轻松测量中垂线上任意一个点到线段的距离了。

接下来我们设想一下，如果把 *A*、*B* 两个点的位置与人的眼睛对应呢？

通过两只眼睛的视线，我们的大脑可以本能地对所看到物体的距离进行判断，利用的正是中垂线测距的方法。大脑通过本能的快速计算，可以在短时间内轻松地让我们感知到物体的距离。

尝试一下，将一支笔竖直摆在离自己一定距离的位置，闭上一只眼睛后，再伸手去拿笔，是不是有点抓不准确呢？这个情况就像，只有一个确定的点就没办法准确画出垂直的线条一样，一只眼睛也没有办法准确地确定距离。两只眼睛同时观察物体，则可以确定视野里物体的距离。

所以，让两只眼睛看到同一物体在同一时刻和同一范围内的不同状态，就会让平面画面产生立体感。

看平面画面时要想产生立体感，可以借助两种眼镜。

第一种：VR 眼镜。

VR 眼镜的原理比较简单，两只眼睛分别看到一张图片，这两张图片正是同一物体同一时刻从不同角度呈现出的外观，所以看起来就是立体的啦。

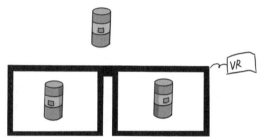

第二种：偏振眼镜。

去电影院看 3D 电影时佩戴的眼镜就是偏振眼镜。

3D 电影的拍摄需要两个摄像机从不同角度进行拍摄，获得同一时刻物体的不同状态。同样，在播放的时候，也需要由两个投影机把图像投射到银幕上。

　　两个不同的画面叠加在同一块银幕上，怎么能看得清呢？不佩戴3D眼镜直接看银幕，会有一种"重影"的感觉。

　　只要戴上了3D眼镜，图像不仅清晰了，还有了立体感，这是为什么呢？

　　不戴3D眼镜时，看到银幕上有两层重叠的图像，它们是由两台投影机投射的。两台投影机的镜头前分别放置了水平偏振片和竖直偏振片。在前文中，我们详细了解了偏振，知道通过水平偏振片的光是水平偏振的，通过竖直偏振片的光是竖直偏振的。所以投在银幕上的两层图像就由两组不同方向的偏振光组成。

　　在图像被投到银幕后，3D眼镜要做的就是让水平偏振光进入一只眼睛，竖直偏振光进入另一只眼睛，这样就可以看到立体图像了。

从静止到动态——胶片应用发展史

从古代开始，人类就致力于把看到的事物记录下来，所以有了文字和绘画。美丽的图画加上生动的文字，让看到的人仿佛置身其中。但对于转瞬即逝的美好瞬间，简单的记录和描绘是否能够完美地呈现出来呢？于是，一个大胆的想法在人类心中萌芽：有什么办法，能够随时记录看到的一切呢？

小孔成像的发现和透镜的使用，加上对新材料的认知与应用，让这一想法逐渐变成了现实！

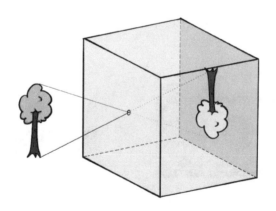

早期相机

早期的相机体积很大，主体是一个大木箱，可以说是加强版的小孔成像设备。为了更有利于拍摄，小孔的位置放上了镜头。在黑暗的箱体内，在镜头相对的位置上放置一块感光材料，感光材料经过一定时间的曝光可显示拍摄的图像。

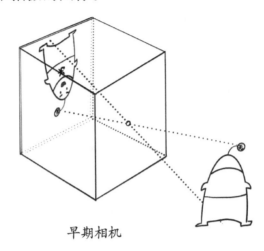

早期相机

胶片相机

相比笨重的早期相机，轻便的胶片相机问世后立即风靡全球。新的成像材料——胶片和早期相机里的感光材料成像原理相同，但因材料升级，胶片小巧且柔软，可以成卷收纳或装进相机里。

胶片有着从黑白到彩色的发展过程

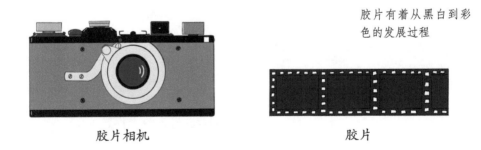

胶片相机　　　　　　　　　　　　　胶片

摄像机

摄影机的拍摄原理与胶片相机相同，只是摄像机进行的是连续拍摄，以确保拍摄画面的连贯性。

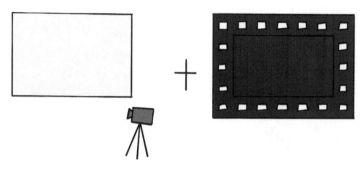

摄像机的胶片也由黑白发展到彩色

在早期电影播放中，把胶片放进播放机里，经过强光照射，图像被投射在了远处的白色银幕上。当摇动播放机的手柄，带动胶片转动时，画面就动了起来。

胶片上每一张都是静止画面，只要按照一定的速度连续切换，因视觉暂留效应，那些画面就会让人产生连贯起来的感觉，从而呈现动态视觉。

光仔小提示》

观察物体时，物体反射的光线进入人眼后传入大脑神经，这一过程需要极其短暂的时间。当停止观察物体后，脑海里的影像并不会立即消失，还能保留极短的时间。这种残留的视觉被称作"后像"，这一现象则被称为"视觉暂留"。画在本子边缘位置的小人，翻动本子时会感觉在动，就是因为这个哦！

我们可能会听过一个概念——视频帧率。这里的"帧"指的就是一秒内，我们所能看到的静止图片的数量。一秒内的"帧"数越多，视频的画面就越精致顺滑。虽然图片载体已经从胶片进化到了电子存储设备，但是基础的原理是一样的。

色彩的奇迹

白色的光可以分解成不同颜色的光，但是不同颜色的颜料混合在一起，却无法得到白色，这是为什么呢？

关于光的色彩有个最常见的说法——RGB，也就是色光的三原色：红（Red）、绿（Green）、蓝（Blue）。通过叠加这三种颜色的光，可以获取不同颜色的色光。

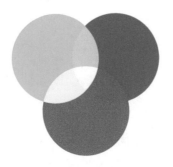

色光三原色

看一看，彩虹色彩排列。

对照上面不同色光混合后所呈现的颜色，是不是有所发现？除了红、绿、蓝外，其他颜色都是这三种颜色的光叠加而成的。

色光的叠加会越叠越亮。三原色两两叠加就能够收获更亮的中间色，而三原色等量叠加就可以获得白色。红色与青色、绿色与品红、蓝色与黄色，都被称作互补色。也就是说，这三组互补色，互相都不含有对方的任何颜色。

RGB色彩模式是工业界的一种颜色标准，应用广泛。常见的一个应用场景，就是我们日常所见的显示器，包括家用的液晶电视屏、手机屏幕等。

但是，我们经常听到一个说法，三原色是红、黄、蓝。难道这个说法不对吗？

其实，这里所说的并不是色光的三原色，而是指美术中的颜料三原色。另外，印刷中使用的标准色彩模式是青绿C（Cyan）、品红M（Magenta）、黄Y（Yellow）、黑K（Black）。颜料和印刷油墨都是落在纸面上，为什么基础色不一样呢？

原因非常简单,因为青绿、品红和黄色颜料的组合可以获得更加丰富、纯正、鲜艳的颜色。

颜料三原色

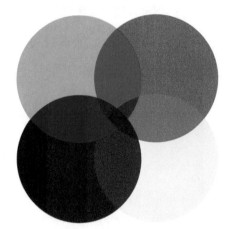

印刷 CMYK 标准色

品红+黄=大红,可大红是没办法调出品红的。同样的,青色+品红可以得到蓝色,但是蓝色+绿色调制出来的青色却颜色暗淡。青色+黄色调制出来的绿色也比黄+蓝调制出的绿色更纯正鲜艳。

三原色是光学中一项必须掌握的基础知识,许多光学应用都要用到。接着往下看,你就知道为什么要先了解它啦。

电视进化论

　　电视自 1925 年被发明后，已经从 30 多年前的家电奢侈品，变成了家家都有的普通家电。在逐步走进千家万户的过程中，电视不断地更新迭代。从小屏幕的显像管黑白电视，到现在的超薄大彩电，是什么让电视的形态发生了如此大的变化呢？

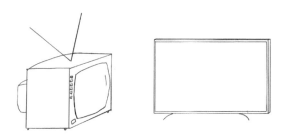

　　早期电视后面都有一个大箱子，显示器显示的色彩也是最简单的黑白色，这与电视机最基本的工作原理有着必然的关系。

　　先简单看一下黑白电视机的结构。

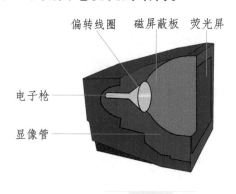

偏转线圈　　磁屏蔽板　　荧光屏

电子枪

显像管

黑白电视机的组成部分就像一个增加了弹药导航功能的"超级射手"。电子枪是射手的连发步枪，连续不断地打出无数的电子。

位于电子枪前方的偏转线圈制造出一个电场，为每一个通过的电子加上导航功能，让电子能够到达目标位置。

最后，电子们按照自上到下，隔行排列出现的顺序，到达荧光屏上的每一个点。如果用手机去拍电视机或显示器屏幕，放大后也能看到一个个的像素格子。一个格子称作一个"像素"。

电子以不同力度撞向荧光屏，荧光屏上的荧光粉被激发，且因被撞击力度的不同发出了不同亮度的光，这样黑白的画面就出现了。

我们如何根据磁场正负极和电子运动方向,来判断电子在磁场内的拐弯方向呢?

洛伦兹力,指运动电荷在磁场中所受到的力,即磁场对运动电荷的作用力。左手手掌摊平,大拇指与四指保持垂直,让磁感线穿过手掌心,四指指向正电荷运动方向,大拇指所指方向即为洛伦兹力的方向。

如今,黑白电视逐渐被社会淘汰,液晶电视走进千家万户。液晶电视屏幕由两层玻璃中间夹着一种介于固体和液体之间的特殊物质构成。

液晶电视屏幕与用电子激发涂有荧光粉的玻璃屏幕不同,它可以自己发出背光。根据不同的发光器件来划分,目前我们可以购买到的液晶电视主要使用了荧光管背光光源和 LED 背光光源。

相比弹无虚发的"超级射手",液晶电视可以说是"霰弹枪"使用高手了。

液晶电视屏幕后的荧光管背光光源发出白光,为了让屏幕上显示出彩色的光,需要经过一层层的处理。

白光通过层层引导，最终抵达目标位置。

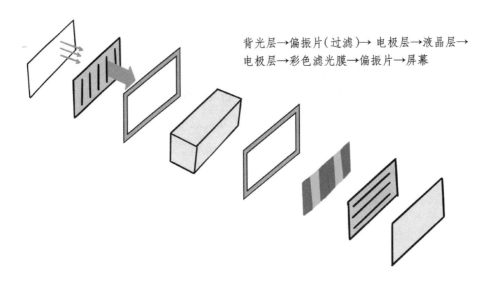

背光层→偏振片（过滤）→ 电极层→液晶层→
电极层→彩色滤光膜→偏振片→屏幕

相比之下，LED 显色原理就简单多了，毕竟 LED 本来就可以变色发光，所以只要在每个像素点里，并排排列三原色的 LED 光源就可以了。三原色光源会根据收到的指令调节发光亮度，从而混合出对应图像点要展示的颜色。

无论是电脑还是手机，它们的 LED 屏幕都有着同样的工作原理，并且在不断改进。未来的显示器会变成什么样子呢？不妨猜想一下。

第十四章
特殊的光

各色光线介绍

太阳光可以被三棱镜分散成不同的颜色。对不同的颜色进行测温，如在红色光旁测，会发现温度明显上升。

电磁波

不可见光			可见光		不可见光			
γ射线	X射线	紫外线	紫、靛、蓝、绿、黄、橙、红	近红外线	中红外线	远红外线	微波	工业电波
		0.2	0.4	0.75		4	1000	

单位：μm（微米）

隔空御物——遥控器

　　无论是电视、空调，还是其他家电，按下手中的遥控器，都可以轻松控制它们，这类隔空操控的秘密就藏在遥控器"头顶"的那个小灯泡上。

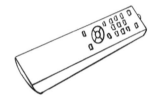

　　按下遥控器按钮的时候，这个灯泡看起来没什么变化，但如果通过手机拍照观察的话，就会发现：按下按钮的时候，灯泡亮了。

　　在这个过程中，灯泡已经发出红外线信号。这个能发出红外线的灯泡就叫作红外线发射器，可以向周围发射红外线。

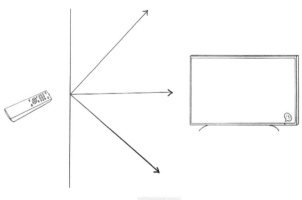

　　遥控器上的每一个按键都对应了一个二进制的 "编码信息"，通过红外线闪烁来对应 1 或 0。

　　接收器接收信号以后，确认收到的信息，然后 "转告" 设备，设备就可以准确做出对应的反应了。

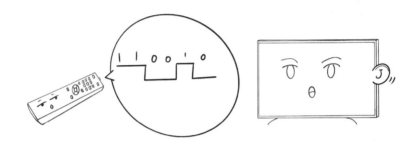

夜视万里——夜视仪

黑夜一直限制着人类活动，在很长一段时间里，人类无法在黑夜里进行户外工作。掌握了点火和保存火种的技能后，人类虽然可以随身携带照明工具，但其照明范围十分有限，在许多场景都不便使用。

然而，有很多动物能够在夜里利用微弱光线、声波等进行活动。利用现代科学技术，是否也能让我们在黑夜里不用点亮灯，就可以清晰地看到眼前的一切呢？

当然可以，各种类型的夜视仪可以帮助人类看清黑夜里的细节。

黑夜之眼 1 号：主动式红外夜视仪

从名字上看，主动式红外夜视仪是一款主动性非常强的夜视仪，它自带人造红外光源，不露痕迹地发射出肉眼无法直接观测到的红外线去照射物体，再通过物体反射回来的红外线观察物体。

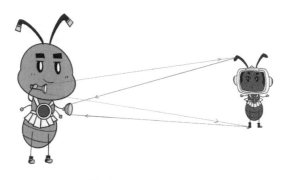

主动式红外夜视仪因红外光源的体积太大且需要大块的电池供电，在携带上有些麻烦，但如果能将它直接连接到电源并加以固定，就能成为很好的工具。比如，日常生活中常见的监控摄像头。摄像头旁边一般都安装了红外线发射器，通过反射的红外线，在夜晚也能拍摄到清晰的画面。

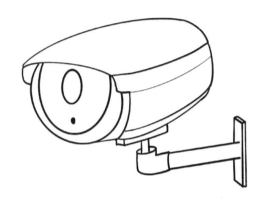

黑夜之眼 2 号：微光夜视仪

在户外，大部分情况不会绝对黑暗，或多或少会有一些月光、灯光等光源。黑暗环境中，一些光源太微弱，导致无法通过这些光源看到物体。如果把这些微弱的光利用起来，是不是就能看到黑夜里的物体了呢？

微光夜视仪所擅长的，就是让人看到物体反射的微弱的光。要看到微弱的光，就需要增强光，微光夜视仪通过光和电的转换，完成了这个过程。

物体反射的光子进入变电门,变成了电子,然后两次或者多次经过变大门变成足够大的电子,最后撞击在荧光屏上,这样图像就出现了

微光夜视仪在发展过程中不断得到改进,如今无论是遇到纯黑的环境还是明亮的光源,都能够轻松应对。

纯黑环境解决办法:针对纯黑的环境,增加一个红外线发射器,就能够解决光源的问题。

明亮光源解决办法:微光夜视仪在使用中,微弱的光会被放大成正常的光,而正常的光或更亮的光被放大则会超出人眼的舒适范围,就像在人眼前扔了一个闪光弹。所以,现在的微光夜视仪普遍增加了强光保护设计,如果遇到超过一定亮度的光,会调节自动门阀,让光变暗一些。如果实在是太亮,干脆关机,确保机器不会被烧毁的同时保护使用者的眼睛,避免受伤。

发热就有光——热成像仪

红外线能释放热量，绝对零度（−273.15℃）以上的物质都会发出红外线。地球上已知的物质温度都高于绝对零度，所以多多少少都会发出红外线。

热成像仪最早应用于军事方面，它根据不同物质发出的红外线，把温度分为不同的范围，然后通过明暗或者不同颜色，显示物质的图像。当选择需要被关注的温度范围后，对应温度的个体会被重点标识，以便与观察到的背景及其他物质进行区分。

相比红外夜视仪，热成像仪只需要接收物质发出的红外线，而不需要发出红外线，没有红外夜视仪那样被其他夜视仪发现的风险，而且不受烟、雾、霾等的影响。

很多电影、电视剧中，热成像仪能穿透障碍物观察背后的人，甚至能穿过层层遮挡，发现某人身上携带的刚煮熟的鸡蛋。在现实中，只有被观测物与周围环境的温差能被热成像仪检测到，才有可能出现以上情况。如果被观测物恰好处于隔热性能良好的封闭环境，热成像仪无法穿透这个隔热屏障，就没办法准确地检测到。

热成像技术被广泛应用于军事、医疗、工业和生活中。

新冠疫情期间，许多学校、小区门口测量温度的设备，就是利用了热成像原理。

热成像仪对经过的人发出的红外线进行检测，当温度超过一定数值时，设备就发出警报，能够非常有效地发现体温异常的人。

太阳的味道——紫外线灯

晒过太阳的被子会变得蓬松，给人一种温暖的感觉，同时带着一种特殊的味道。很多人把这个味道称作阳光的味道。事实上，"温暖"是阳光的余温，阳光并没有味道，有味道的是被太阳光中的紫外线杀灭的微生物。

紫外线杀灭微生物的能力很强，能够直接破坏细菌、病毒等微生物的 DNA 和 RNA 结构，让微生物死去。即便有些侥幸活下来了，也丧失了继续繁殖的能力。

由于紫外线具备杀菌能力，科学家对它进行了深入研究，发现不同波长的紫外线杀菌能力也不同。紫外线可以分为：UVA（波长315~400 纳米）、UVB（波长 280~315 纳米）、UVC（波长 180~280 纳米），其中杀菌最强的是 UVC。于是，研究人员制作出了主要发出

UVC 波长的紫外线灯，用来杀灭细菌、病毒。用紫外线灯照射被子，虽然不能让被子变得温暖蓬松，但照射后被子的味道闻起来和太阳晒过的是一样的。

不可以盯着紫外线灯看哦。

紫外线灯虽然能有效地杀菌、灭病毒，但对动植物可能产生极大的伤害。如果眼睛被紫外线灯长时间照射，可能会导致白内障、青光眼。人长时间被紫外线灯照射，极有可能导致皮肤癌，影响身体骨骼发育，等等。

因此，使用紫外线灯消毒的场所要尽量清空人与动植物，以避免紫外线照射的伤害。

光仔小提示》

自然界中的 UVC 基本都被大气层阻隔了，所以不必担心。不过 UVA、UVB 还是会照射在我们裸露的皮肤上。为了皮肤的健康和延缓衰老，必要时做好防晒工作哦！

大家可以找一瓶防晒霜，试试看能否找到与紫外线相关的信息；另外，推测一下防晒霜瓶子上标注的数字代表什么意思。

洞穿脏腑之奇光——X 射线

老话说：画虎画皮难画骨，知人知面不知心。一般事物我们只能看到其表面的样子，而内在的东西是没办法直接看到的。

虽然人的内心现在依旧无法直接洞察，但要画出老虎的骨头，却没那么难了。

画虎骨图步骤

（1）让虎直立于铅板前。

（2）对虎上下"扫射"。

（3）获得虎骨图。

在完全不接触老虎的情况下，就能隔空画骨，这是超能力吗？

当然不是，这是光的天赋。

为老虎画骨，利用的是一种不可见光——X射线。X射线的波长很短，仅有0.01~10纳米，但能量很大，具有极强的穿透性。

当X射线照射在老虎身体上时，一部分被吸收，另一部分则会穿过身躯。因为肌肉、骨骼等密度不同，对X射线的吸收也不同，穿过不同身体组织的X射线数量也就不同。

穿过身体组织的X射线照射在荧光屏上时，涂在屏上的一些化合物被X射线激发，发出明暗不同的荧光，身体的不同组织结构就被清楚地勾勒出来了。如果使用钨酸钙或稀土作为荧光物质的增感屏（增感屏是一种特殊的膜片，可将射线转换成容易被感光材料接收的光线），X射线就可以转化为使胶片感光的可见荧光，把透视出的图像拍摄下来。

光仔小提示》

去医院体检时，会有一项检查叫胸透，就是X射线检查，也叫X光。检查时，可以看到医生身上穿着像铠甲一样的衣服。这件"铠甲"里填充的都是铅块，因为大量X射线长期照射对人体的危害很大，一定厚度的铅板可以有效地阻挡X射线，确保医生不会遭受X射线的伤害。

如果用X射线对人体进行多角度照射，就可以检测立体的骨骼、肌肉、内脏状况，更准确地确认身体内部情况。这种直接通过X射线获得人体立体结构透视影像的机器叫作CT。

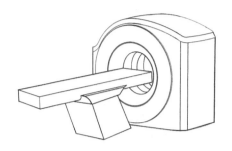

　　X射线具有强烈的放射性，频繁被X射线照射会危害身体健康，甚至可能致癌。不过，科学家发现，在有些癌症的治疗中，X射线非常有效。"放射疗法"就此诞生。

　　X射线现在已经被广泛应用于医学、生活等领域。医疗中的X光片及安检行李的仪器，都是对X射线的应用。

光之刃——伽马刀

古人形容战争手段高明，会说"兵不血刃"，指不用流一滴血，就打完了整场战争。如今，高明的医疗手术手段，已经能够做到不流血不开刀，就直接解决了身体内部病症。

前文讲过，太阳光穿过凸透镜，在焦点位置会产生大量的热量，一段时间后可以点起火。但是在非焦点的位置，就不会有那么多的热量，就算放一些易燃物，也未必能够点燃。

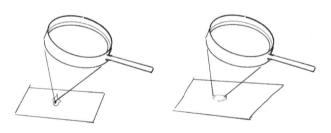

前文提到，紫外线能够通过破坏 DNA 的方式杀死细菌、病毒等微生物。那么，是否有某束光可以穿透人体，准确地破坏病毒或细菌的 DNA 呢？这样是否就能够在不开刀的情况下，杀死病变细胞，从而达到治疗疾病的目的呢？

这束光，现在已经被发现，它就是γ射线，因为γ读音为伽马，所以也写作伽马射线。

伽马射线波长比 X 射线波长还短，小于 0.001 纳米，穿透力更强，同时携带很高的能量。当人体被伽马射线照射时，伽马射线能够进入人体内部破坏病变细胞的有机分子，包括蛋白质、DNA 等，干扰病变细胞的正常功能，甚至导致病变细胞死亡。

伽马射线的特殊性质使它成为医生手中的光刃——伽马刀。

伽马刀"砍"哪里，还需要 X 射线来帮忙锁定范围。利用 X 射线确认病变细胞位置后（这里使用的不是 X 光机，因为必须确定病变细胞的具体位置，需要三维的位置坐标，所以要用到的是 CT 机），医生用伽马射线照射这些细胞，杀死或让这些细胞变性。

　　只需要很短的时间，不流一滴血，医生就能为病人祛除病痛。病人也无需经历漫长的伤口愈合期，甚至在治疗完成后，可以马上出院。目前，伽马射线作为医生手中的光刃，主要应用于脑部肿瘤的治疗，能避免开颅的风险，解决了许许多多的手术难题。

隔山打牛——激光

武侠小说里有一种绝世武功——隔山打牛，可以在不接触敌人的情况下攻击对方。武林绝技，让人啧啧称奇！虽然隔山打牛是小说里创造出来的，无法依靠人类自身修炼在现实中实现，但有一种光，可以和隔山打牛匹敌，隔空出击，瞬发制敌。

激光的英文解释是 Light Amplification by Stimulated Emission of Radiation，按照英文字面翻译就是"激发（光、热、气等）出辐射放大光"，这也是激光产生的主要过程。

原子由中子、质子、电子组成。中子虽然和质子一起"住在"原子核里，但是中子不带电，对质子和电子都没什么兴趣，喜欢自己"玩"。质子带正电，电子带负电，它们相互吸引但不能见面，电子只能一直围着原子核转圈圈。

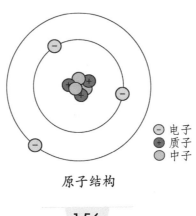

電子
質子
中子

原子结构

当原子从外界获取能量（如光照）时，电子会吸收光子，从普通的基态电子摇身一变，越级提升至激发态。

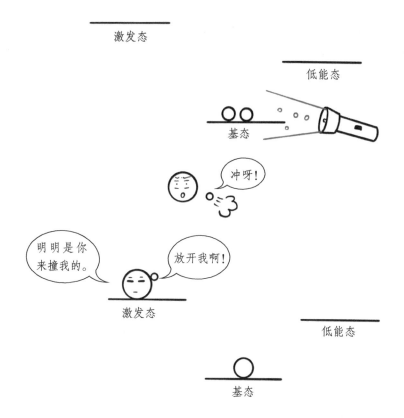

不过，外界施加的力量还是不如自己努力得来的力量稳定。当光照停止后，越级上行的激发态电子就会恢复初始状态，经过低能态，落回基态，并且在这个过程里释放出光子。

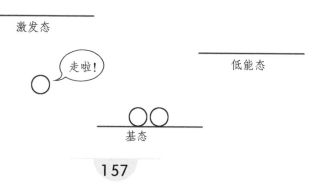

原子激发出的光和照射过来的光的传播方向、频率等都完全相同，所以激光器发射出的激光都指向一个方向。

激光的颜色则和激光的波长有关，不同的原子激发出不同波长的激光，显示不同的颜色。比如红宝石，在被蓝色的光激发后，会发出深红色的激光。

除了纯净的颜色外，激光还有巨大的能量，亮度越高能量越大，不仅可以像电视剧里的"六脉神剑"一样切割、打孔，甚至还有更多武侠小说里都不敢写的应用。

不过，目前想要让身体里直接发出激光还是不可能的，但是在工业、科研等领域，激光已经被广泛应用起来了。目前，激光被广泛应用于工业、科研、医疗等领域。

无限光尺——激光测距

已知：光在真空中的速度约是 $3×10^8$ 米每秒，它在空气中的传播速度也无限接近真空中的传播速度。用激光笔垂直照射一面镜子，反射回来的时间是 0.2 秒。

问题：镜子距离激光笔有多远？

答案：$3×10^8×0.2/2=3×10^7$ 米。

简单的数学题里包含了光学的又一种应用——激光测距。利用激光测距，不仅能轻松测量物体之间的距离，还能看出地貌特征。

在飞机上安装激光发射和接收装置，飞过一片森林时，可以不断获取反射的光信号，并且由计算机记录下来。

光遇到物体都会被反射，但不同结构的物体，对光的反射并不相同。比如，光照射在一棵树上，不同疏密度的树叶反射光的强度并不相同。根据反射光所用的时间确认距离，根据反射光的强度确认疏密度，有了这些数据，就可以判断出地貌状况了。

激光测距中，无论是测量月亮到地球的距离，还是测量生活中两个物体之间的距离，利用的都是同样的原理哦。

激光对眼睛有很强的伤害性，市面上销售的激光笔也不例外。如果用激光笔照射双眼，可能会产生不可逆的视觉损害，甚至造成永久性失明。大家一定不可以用激光笔照射别人的眼睛，也要远离滥用、玩耍激光笔的人。

第十五章
光通信

听，是光在说话——光电话

为了快捷地传递信息，早在几千年前，古人就开始使用烽火传信，现在我们还可以在很多地方看到烽火台。

狼烟！
敌人来啦！

前文提到的红绿灯，其实也是一种光的信号传播，利用不同颜色的光，向过路的行人和车辆传递了"红灯停，绿灯行"的信息。

如果想用光实现更远距离的信息传递要怎么做呢？电话的发明者贝尔，在发明了有线电话后，也对如何用光传递信息产生了巨大的兴趣，发明了"光电话"。

根据光电话的名称可以判断出，要驱动这个电话，首先要有光。让光照射在光电话的振动片上，然后对着光电话的发送端说话。声音振动发射端的振动片，根据声音的强弱，不同强弱的光被振动片反射

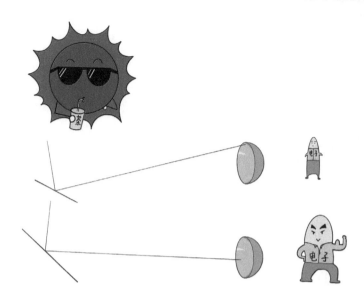

到接收端。

　　接收端在接收到不同强度的光线后，将光信号转化为电信号，再将电信号转换为声音输出。这样就可以真正做到无线传输了。

　　光电话的信息传输距离和环境有很大关系，大约在几百米到几千米不等。如果遇到大雾等天气，光的传播受到影响，信息就无法有效传输。不过，这并不影响光电话对无线传输的重要贡献，光通信的大门由此打开。

千里传信——光纤

　　信息传递最重要的是即时性，越快越好。为了实现这个目的，人们开发出更快速、携带更多信息、稳定进行传输的通信方式。

　　现代信息传输速度这么快，跟传信的载体密切相关，这个神秘的载体就是光纤。

　　一个小实验可以帮助我们快速了解光纤通信原理。

光仔探索实验

光线弯了

　　准备一个在侧面靠下位置留有小孔的透明水瓶、一支激光笔和一个水槽。

| 透明水瓶 | 激光笔 | 水槽 |

　　将小孔堵住，并在水瓶里装满水，放入水槽。

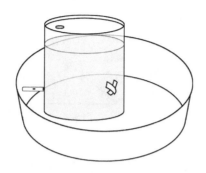

用激光笔照射小孔对侧，并把堵住小孔的东西拿掉，让水可以顺利流出。

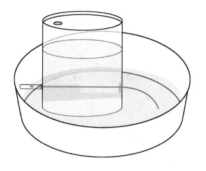

这时我们观察发现，原本直着照向对面的那个激光小圆点，跟着水流落在了水槽里！同时观察到激光在水流中画出了一排折线。

这是因为激光在水流中发生了一个神奇的现象——全反射。

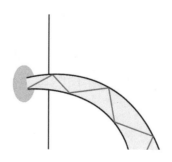

一道光线从光密介质射入光疏介质，可能同时发生折射和反射。

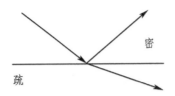

不断调整入射角的角度，折射角和反射角都会发生变化。当入射角到达某一个特殊角度时，折射的光线完全消失，仅剩下反射的光线。这个角度称作临界角。自这个角度起，发生的仅存在反射的情况称为全反射。

光纤主要是由玻璃或塑料制成的，目前应用较多的是不同类型的玻璃，这些不同类型的玻璃对应不同的应用场景。

但总体来说，光纤的结构都是下图这样的。

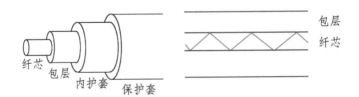

激光在类似水流的纤芯中完成全反射，而外层的包裹材料则起到了保护光纤和确保信号不泄露的作用。一条信号传输的通道，就是这样搭建完成的。

光之密码

要使灯光传出的信息更丰富,仅依靠增加光的颜色显然是不够的,而且光的传播距离非常有限。为了增加传播的信息量,可以将光的明暗、点亮时间长短进行组合,并与已有的密码匹配,从而让远距离的两组人通过一盏灯进行沟通。

二进制是仅用0和1表示的一种计数方式,恰好电路也只有通和断两种状态,于是二进制数字就被用来表示电路状态,以传递信号。这种通过二进制数字表示的信号属于数字信号。

激光在光纤中传递信息,应用了同样的规则。

用最基础的发光和不发光分别表示一种状态；光是波，可以产生不同的振幅，这些振幅也可以表示不同的状态，这样就规定了八种状态；最后根据光的相位，选择出了八种状态。于是，激光信号有 128（2×8×8=128）种状态。128 种状态可以组成无数种信息，在光纤中进行传播。

这种信息传播稳定，准确率极高，速度快到感受不到任何延迟。

现在很多家庭里的网络宽带就是通过光纤进行构建的。大家家里使用的宽带是光纤吗，带宽是多少？不妨结合本节内容思考一下关于带宽的含义吧。

第十六章
光子共振

抓住细胞——光镊

提问：让红细胞列队跳广场舞需要几步？

答：两步。第一步，用光镊把一些红细胞整齐地排列起来；第二步，用光镊带着红细胞做动作。

看似简单的操作里，出现了一个陌生的名词——光镊。光镊是什么东西，竟然能拉动那么小的红细胞？顾名思义，光镊就是以光为材料，功能和镊子一样的工具，可以拉动病毒那样的微生物。

光镊是激光的又一神奇应用。

光镊具有显微镜的功能，能够看到微小的物体。同时，它能够利用激光，捕捉这些微小物体，并且按照操作者的想法移动它们。

那么问题来了，激光明明是光，竟然还能捕捉东西？平时我们晒太阳的时候也没有被太阳光干扰啊。

要想了解激光是否真的能捕捉东西，怎么捕捉东西，我们需要先做一个实验。

互相影响的小球

用一个玻璃球从侧面去碰撞另外一个玻璃球，观察它们的运动方向，并标记受力情况。

我们会发现，运动的玻璃球碰撞静止的玻璃球后，静止的玻璃球开始运动，而原本运动的玻璃球的运动轨迹发生了变化。

根据动量守恒定律，当系统不受外力或所受外力之和为零时，这个系统的总动量保持不变。那么原本静止物体的状态或匀速直线运动物体的运动轨迹发生变化时，一定受到了外界施加的力的影响。

为什么要讲动量守恒定律呢？因为当一束激光照射透明的小球时，由于传播介质发生了变化，光发生了折射，光传播的方向发生了变化。

前面已经提到，光同时具有波的性质和粒子的性质。作为粒子的光，运动轨迹发生了变化，说明它受到了小球的力的作用。所以相应地，这道光束也对小球施加了大小相等、方向相反的力。

171

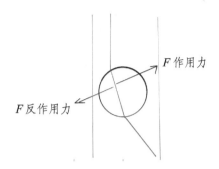

既然光有力的作用，那平时我们晒太阳的时候怎么没有感觉呢，不应该被光推走吗？

光照在我们身上发生反射，或者照在透明的东西上发生折射，其实都会产生压，叫"光压"。但是存在不一定能被感受到，就像你吃了一根面条会觉得和没吃饭一样。这个压力非常微弱，所以我们平时感觉不到。但是如果东西足够小、重量足够轻，那就不同啦。

光镊抓住物体的办法比较特殊，它会利用光给物体挖个"陷阱"，让物体落入陷阱，这样就可以确保物体不会逃脱，尽在掌握中了。

这个陷阱布置方式大有讲究。必须是物体势能最低的点。为了完成这个完美陷阱，需要把激光会聚在一个点，抵消向前光压的同时，维持物体不会逃离激光的"手掌心"。

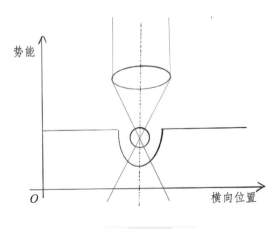

落入了这个激光陷阱的物体很难逃脱，只能任凭"摆布"了。

精巧的光镊应用广泛，它可以抓住原子、解锁DNA、拖拽病毒，让操控极其微小的物质成为可能。